"十三五"职业教育部委级规划教材

毛织服装缝制与后整工艺实务

邹铮毅　主编

邓军文　张延辉　副主编

中国纺织出版社有限公司

内 容 提 要

本书是"十三五"职业教育部委级规划教材。本书针对毛织服装缝盘、毛织服装洗水以及毛织服装跟单、质量控制、生产管理等岗位，从岗位要求、职业素养及需要掌握的核心技能入手，对毛织服装缝盘及后整工艺进行了详细的图文解析。本书选取了极具代表性的毛织服装款式，对缝盘工艺及技巧进行分析详解，同时还对毛织服装缝制与后整工艺的问题进行分析研究，采用理论学习、实例分析、实操任务的项目教学，从任务基础到任务拓展再到任务提升，层层深入，为中高职院校教学、职前培养、行业技术型及管理型人才提供所需的专业知识和技能。

本书内容适合中高职院校相关专业学生学习，也可作为毛织行业从业人员的参考资料。

图书在版编目（CIP）数据

毛织服装缝制与后整工艺实务 / 邹铮毅主编；邓军文，张延辉副主编 . -- 北京：中国纺织出版社有限公司，2021.12

"十三五"职业教育部委级规划教材

ISBN 978-7-5180-9069-3

Ⅰ . ①毛… Ⅱ . ①邹…②邓…③张… Ⅲ . ①毛织物—服装缝制—职业教育—教材②毛织物—服装—整理工艺—职业教育—教材 Ⅳ . ① TS941.773

中国版本图书馆 CIP 数据核字（2021）第 217834 号

责任编辑：宗 静 苗 苗　　责任校对：寇晨晨　　责任印制：王艳丽

中国纺织出版社有限公司出版发行
地址：北京市朝阳区百子湾东里A407号楼　邮政编码：100124
销售电话：010—67004422　传真：010—87155801
http://www.c-textilep.com
中国纺织出版社天猫旗舰店
官方微博 http://weibo.com/2119887771
北京通天印刷有限责任公司印刷　各地新华书店经销
2021年12月第1版第1次印刷
开本：787×1092　1/16　印张：7.75
字数：140千字　定价：59.80元

"十三五"职业教育部委级规划教材毛织服装系列编写委员会

（排名不分先后）

前言

为适应毛织产业发展和专业人才培养的需要，根据高等院校纺织服装类"十三五"部委级规划教材编写精神，编写全套高职高专和中职使用的毛织服装教材，该套教材涵盖了毛织服装专业教学的全方位内容，填补了全国毛织服装专业系列教材的空白，可有效解决高职高专开设毛织服装专业遭遇无教材的困境问题。

本系列教材分别是《毛织服装概论》《毛织服装设计入门与拓展》《毛织服装编织工艺实务》《毛织服装电脑横机制板》《毛织服装缝制与后整工艺实务》《毛织服装跟单实务》，共六本新编教材。

服装行业中"三分缝制七分熨烫"的传统说法，尽管有些夸张，但足见服装缝制及后整理工序的重要性及互补关系。缝制与后整是毛织服装加工过程中尤为关键的两大工序，再美的织片也必须经过缝制才能成为符合人体穿着要求的服装。毛织服装经过洗水等后整工艺才能把毛织类服装的体感、手感及舒适性充分发挥出来。根据客户的编织规格表（即生产工艺单）的要求，制订毛织服装缝制工艺流程，解决缝盘机故障等都是对毛织缝盘师的基本技能要求；能根据毛织服装的材料成分及客户要求确定洗水工艺是对毛织洗水岗位人员的基本技能要求。

本书以岗位任务为导向编写，主要包括毛织服装缝制设备、毛织服装缝制基础、毛织服装缝制工艺流程、毛织服装织补及挑撞工艺、毛织服装后整工艺及分析、毛织服装产品质量检验等，对行业从业人员专业技能提升与转岗培训学习有着非常重要的意义。掌握了毛织服装缝制设备及缝制工艺，基本能胜任毛织服装缝制师及缝盘维修师岗位。如继续拓展学习毛织服装织补挑撞工艺，则基本可胜任缝制部主管岗位；如继续提升学习毛织服装洗水工艺技术，则基本能胜任后整部主管或生产经理岗位。

本书由邹铮毅担任主编，由邓军文、张延辉担任副主编，范梅莲参编，唐小华提供缝盘技术支持。本书在编写过程中也得到了东莞市光晖针织有限公司、长立纺织有限公司的大力帮助，在此，对有关参编人员、老师、企业表示衷心的感谢。

由于作者水平有限，书中如有疏漏或不妥之处，恳请读者不吝赐教。

编者
2020年6月

教学内容及课时安排

章/课时	课程性质/课时	节	课程内容
第一章 （4课时）	基础知识与技能 （6课时）		● 毛织服装缝制设备概述
		一	常用毛织服装缝制设备
		二	缝盘机
		三	缝盘初体验
第二章 （2课时）			● 毛织服装缝制基础
		一	成形织片与半成形织片
		二	毛织服装常见组织结构
第三章 （16课时）	工艺与实践应用 （24课时）		● 毛织服装缝制工艺流程
		一	毛织围巾缝制工艺
		二	毛织半身裙缝制工艺
		三	女式长裤缝制工艺
		四	V领无袖背心缝制工艺
		五	女式圆领短袖T恤缝制工艺
		六	女式插肩长袖对襟衫缝制工艺
		七	男式T恤缝制工艺
		八	连帽衫缝制工艺
		九	连衣裙缝制工艺
第四章 （8课时）			● 毛织服装织补及挑撞工艺
		一	织补工艺
		二	手缝工艺
		三	挑撞工艺
第五章 （8课时）	后整工艺分析与应用 （8课时）		● 毛织服装后整工艺及分析
		一	普通洗水工艺
		二	缩绒工艺
		三	拉毛工艺
		四	特种后整工艺
		五	整烫工艺
第六章 （8课时）	产品质量检验与实践应用 （8课时）		● 毛织服装产品质量检验
		一	毛织服装产品质量标准
		二	毛织服装行业用语及专业术语释义

注 各院校可根据自身的教学特点和教学计划对课时数进行调整。

目录

基础知识与技能——

毛织服装缝制设备概述

课程名称： 毛织服装缝制设备概述

课题内容： 常用毛织服装缝制设备

　　　　　　缝盘机

　　　　　　缝盘初体验

课题时间： 4课时

教学目的： 通过本项学习，使学生了解常用毛织服装缝合设备、缝盘机结构，掌握缝盘机的操作使用及常见故障的处理方法。

教学方式： 理论与实操相结合，案例分析。

教学要求： 1. 认识常用的毛织服装缝制设备。

　　　　　　2. 了解常用毛织服装缝制设备的线迹、特点、用途及缝制部位。

　　　　　　3. 了解缝盘机的优点及不可替代性。

　　　　　　4. 熟悉缝盘机的传动机构。

　　　　　　5. 了解缝盘机链式线迹形成的过程及原理。

　　　　　　6. 能根据织片初步判断织片的针数并合理选择缝盘机规格。

　　　　　　7. 熟识缝盘机操作规程。

　　　　　　8. 掌握缝盘机穿线及调试方法。

　　　　　　9. 掌握缝盘机常见故障并掌握常见故障的处理办法。

　　　　　　10. 掌握织片上盘操作方法，了解缝盘工艺要求及注意事项。

第一章　毛织服装缝制设备概述

第一节　常用毛织服装缝制设备

一、常用毛织服装缝合设备

常用毛织服装缝合设备有缝盘机、埋夹机、包缝机（也称锁边机、打边车、钑骨车）、平缝机四类。缝盘机、埋夹机是毛织服装缝制使用最多的缝合设备，下面以表格形式进行分类归纳，以便大家快速熟识毛织服装缝合设备，并了解各种设备的线迹及用途，具体见表1-1。

表1-1　毛织服装缝合设备及用途

设备名称	图片	缝制线迹	特点及用途
缝盘机			无底梭，只穿面线（可多股）。缝盘机可对织片进行套眼缝合，形成链式线迹，接缝平整，弹性好。但缝合速度相对较慢。常用于毛织服装衣身、领、门襟、袖的缝合。缝盘机是毛织服装的专用缝合设备
埋夹机			无底梭，只穿面线。线迹与缝盘机相同。速度较快，个别工序可代替缝盘机。常用于上衣埋夹、裤子内裆及侧缝等部位的缝合，如图1-1所示
包缝机			有底线及多条面线。可分为单线包缝、双线包缝、三线包缝、四线包缝和五线包缝等。包缝机在行业内又称打边车、锁边机。包缝机带有切刀，同时进行切边与包缝，防止布边脱散。常用于半成形织片肩、袖位包缝，如图1-2、图1-3所示
平缝机			有底梭，面穿一根线。平缝是最简单的线迹，线迹整齐美观、均匀牢固，缝纫速度快。常用于毛织服装缝唛、商标、贴袋工序以及低弹面料的合缝部位等，高弹针织类服装使用较少

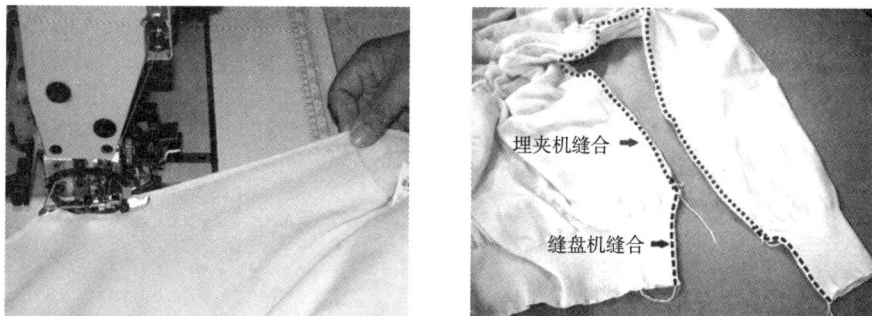

图1-1　埋夹工序

图1-2　半成形袖片锁边

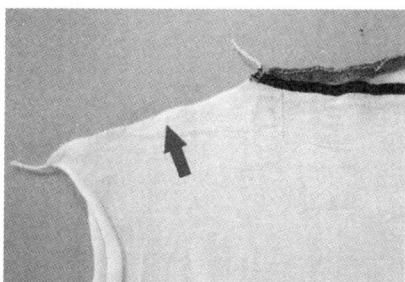

图1-3　肩缝锁边

二、其他缝纫设备

在毛织服装缝制生产过程中，还有一些使用量相对较少的缝制设备，如锁眼机、钉扣机、缲边机、绷缝机（又叫冚车）等。这些机种缝制用途不广，用量较小，主要用于无须特别考虑毛织服装的特性时选用的通用型设备。

以下内容主要以缝盘机为主要缝合设备进行阐述，部分工序如需要使用其他设备，会注明相关设备名称及要求。

第二节　缝盘机

一、缝盘机的定义

第一次听到缝盘机这个设备名称，可能无法联想到它的用途。其实，缝盘机即圆盘缝合机（Dial Linking Machine），毛织行业内也称套口车，是毛织服装缝合的专用设备。

曾有初接触毛织行业的人员提出疑问，平缝机及埋夹机速度更快、操作更便捷，为什么不用平缝机或者埋夹机替代缝盘机？

在服装缝制工艺中，衣片是否需要使用缝盘机缝合，要根据织物特性及客户要求确定。

毛织衣片是利用成圈机件将纱线弯曲成线圈，线圈沿纬向互相串套而成，如图1-4所示。线圈是毛织物的基本元素，毛织服装需要保持较大的拉伸性、弹性及柔软性。缝盘机的单线链式线迹可将衣片对应缝合，并保持毛织服装的上述特点，尤其是套眼（也称对目）缝合，缝合机的针刺盘送布方式可以精确定位线圈，使盘针逐一从每个线圈中穿过，如图1-5所示，这是平缝机及埋夹机无法取代的。

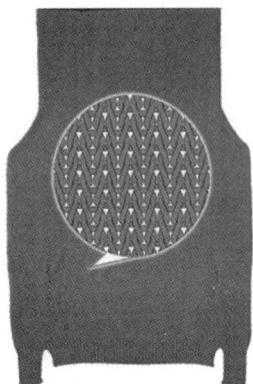

图1-4　毛织衣片半成品　　　　　　　图1-5　盘针穿眼

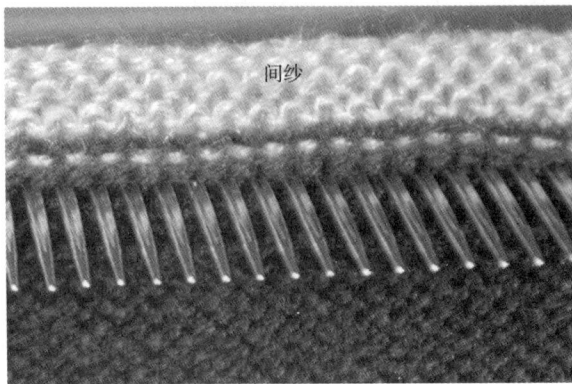

二、缝盘机结构

下面先了解缝盘机各个部位的名称，初步了解缝盘机的结构，如图1-6、图1-7所示。

⑨夹线器
⑩张力器
⑪导线孔
⑫挑线器
⑬针板
⑭挡板
⑮弯针

①传动皮带
②传动轮
③转盘手柄
④逆向转盘卡簧
⑤传动连杆
⑥针盘
⑦盘盖
⑧刻度盘

图1-6　缝盘机机头部件名称

三、缝盘基础任务实操

在关闭电源的情况下，用手转动传动轮，观察缝盘机的传动机构，以便了解链式线迹形成的原理。

（1）转一转，看一看。用手转动传动轮（分顺时针、逆时针方向转动两种情况），观察机器的运动情况（注意，如果出现弯针与其他部件碰撞的情况，要及时报告机修师傅或管理员进行机器校正）。

（2）听一听，看一看。把弯针摇到最右边，转动转盘手柄（分顺时针、逆时针方向转动）。

（3）踩下卡姆脚踏簧，观察传动轮处的机件动作。

（4）穿一穿，试一试。参考本章第三节缝盘机穿线及调试，把缝线穿好，在针盘上穿入一块毛织样片，用手转动传动轮，观察缝盘机链式线迹形成的过程。

⑯导线孔
⑰线座
⑱脚踏杆
⑲卡姆脚踏簧

图1-7 缝盘机机身部件名称

四、缝盘机种类

（1）弯针缝盘机。其缝针为弧形针（图1-8），穿刺方式为从内向外的卧式缝盘机。目前市场上销售最多、使用最多的是弯针缝盘机，弯针缝盘机价格便宜，操作维护简单。

（2）直针缝盘机。其缝针为直针（图1-9），穿刺方式为从内向外的卧式缝盘机。它的特点是改变了圆盘缝合机传统的连杆结构，均采用凸轮方式驱动各个部分，整机不易变形。直式大针穿透力强，适合厚料缝制，不易损坏织物，价格比弯针缝盘机稍高。

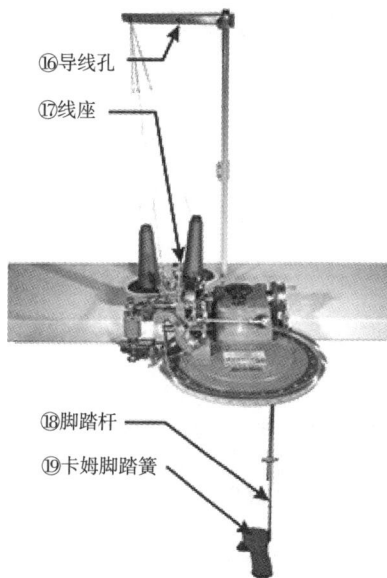

图1-8 弯针缝盘机

图1-9 直针缝盘机

（3）全自动缝盘机。其是高标准、高效率的毛衫快速缝合机，其结构稳定，故障率低，因价格较高，目前仍未能在国内广泛使用。

（4）直条缝盘机。这种缝盘机缝合直缝还是不错的，但无法绱领，其和上述全自动缝盘机的功能基本相同。

本书以弯针缝盘机为例解析毛织服装的缝合工艺。

五、缝盘机规格

缝盘机规格即缝盘机针数，是根据缝盘圆周每英寸（约为2.54厘米）内的缝针数量（单位：针/英寸，可简写为G）确定的，如图1-10、图1-11所示。缝盘机规格主要有：3针/英寸、4针/英寸、5针/英寸、6针/英寸、8针/英寸、10针/英寸、12针/英寸、14针/英寸、16针/英寸、18针/英寸、20针/英寸、22针/英寸、24针/英寸、26针/英寸，常用的缝盘机规格为8针/英寸、10针/英寸、16针/英寸、22针/英寸。

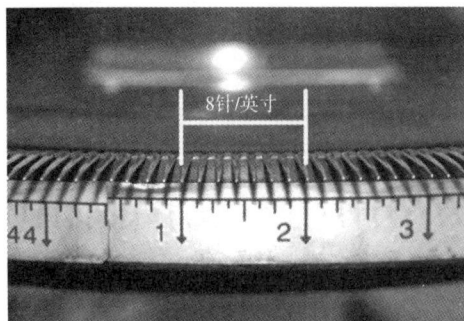

图1-10　缝盘机规格（8G）

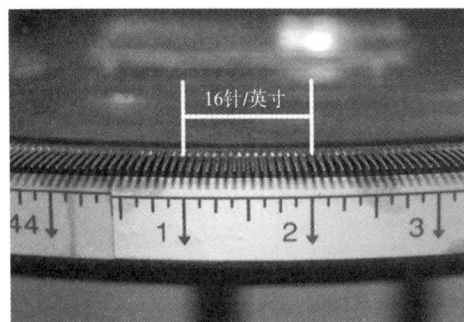

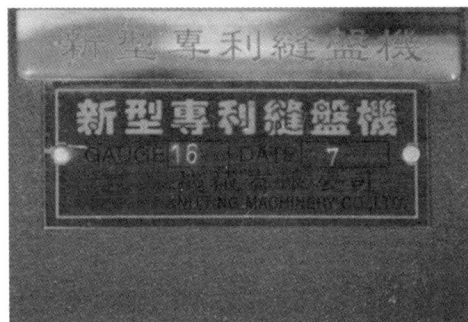

图1-11　缝盘机规格（16G）

六、选择缝盘机规格

毛织服装在缝盘机上进行织片缝合时，缝盘机规格应和织片所用横机规格相匹配，一般情况下，所选的缝盘机每英寸针数比织片所用横机每英寸针数稍多，缝盘机规格的选择可参考表1-2。

表1-2　缝盘机规格选择

织片所用横机规格/G	缝盘机规格/G
3、4	6～8
5、6	8～10
7、9	10～12
11	12～14
12	14～16
14	16～18
16	18～20

另外，规格为20G以上的缝盘机通常用于缝合一些接近于机织效果的织片，这些织片通常都是由电脑机织成成匹的布片，对照纸样裁剪后缝合下栏。其中大部分的工序（如绱袖、埋夹）基本不用缝盘，直接使用平缝机，但需要对眼缝合时会使用缝盘机。

第三节　缝盘初体验

一、缝盘操作规程

目前，大部分企业使用的缝盘机是交流电机带动，大部分传动机构外露，因此，使用缝盘机时请遵守以下安全操作规程：

（1）上岗前，长发女生要戴帽子或将头发盘起，以防头发卷入传动机构导致受伤。

（2）开机前，检查机器周围是否异常，是否有杂物阻挡，是否有水迹等。

（3）开机后，待电机转速稳定后再使用。

（4）穿线时，脚不要放在开关踏板上，防止缝盘大针扎伤手。

（5）织片上盘时，动作要规范，衣片按要求均匀入盘，防止因撞针或跳针而断针，操作时手部不可越过挡板，防止手部被刺伤。

（6）离岗时，要关闭电源开关，缝盘机停用后要盖上盘盖，以防伤人并保护针盘。

（7）弯身收拾机台下物件时，身体要向后位移30cm再弯身，以免头部被盘针刺伤。

（8）发现机械故障或机器运行中出现异响声，应马上关机检修。

（9）要经常加油并清洁机位污渍，检查缝盘机是否有漏渗油现象。

（10）不要将机器放置在阳光下。

二、缝盘机穿线及调试

缝盘机穿线相对较为简单，缝线穿过线座导线孔后，穿引顺序为：导线孔1→夹线器X2→导线孔2→导线孔3→张力器→导线孔4→缝针，缝线要从针的下方向上穿出，缝盘机正确穿线如图1-12所示。注意，穿线前应检查针槽是否朝下，垂直方向是否在盘针V槽正上方。

☞　问题：盘针V型槽的作用是什么？

缝制织片时，使缝线嵌入V型槽内，如图1-13所示。当缝针连续高速穿刺面料时，V型槽的设计可以减少缝线与面料间产生的摩擦，避免缝线受到较大的剪切力而断线。

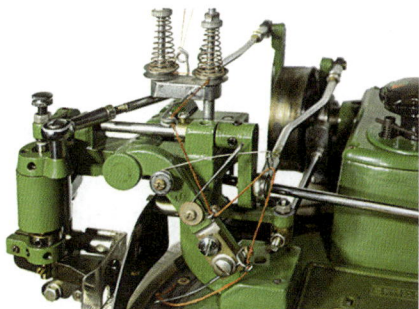

图1-12　缝盘机穿线图

品牌　型号

针槽

图1-13　缝盘机弯针

三、缝盘机常见故障处理

在日常使用过程中，因为螺钉松动、零件移位、磨损、磕碰等导致缝盘机机件动作出现偏差，并引发缝迹问题。常见的缝迹问题有浮线、跳针、断线、空格不成圈、波涛线迹、缝线起泡、缝盘机跳线等。七种常见缝迹问题及解决方法如下所述。

1. 浮线

缝线太松，导致缝线形成浮圈露于衣片表面，从而形成浮线。浮线外观如图1-14所示。

图1-14　浮线

解决方法如下：

（1）调紧夹线器螺母。将废片穿入缝盘挂衣针，顺时针方向调紧夹线器螺母并试缝，调整时先大调后微调，直至缝线外观显示出最佳效果，夹线器的调紧操作如图1-15所示。

（2）调紧张力器（即挑线绷簧）。先用螺丝刀松开张力器螺丝，逆时针转动张力器后，再上紧螺丝。张力器的调紧操作如图1-16所示。

图1-15　调紧夹线器

图1-16　调紧张力器

2. 跳针

挑线三角与弯针配合不好或者弯针与盘针（即挂衣针）V型槽配合不紧密。缝合作业时，只要有一针跳针即会造成某个线圈或一段缝线套圈失败，出现脱缝线迹。跳针外观如图1-17所示。解决方法如下：

（1）微调挑线三角升降接头螺母，使挑线三角底面的运动轨迹与大针相切（即挑线三角底面刚好或几乎能碰到弯针面），注意每次调整的幅度不能过大，多次尝试，将挑线三角调到最佳位置。挑线三角升降接头螺母的微调操作如图1-18所示。

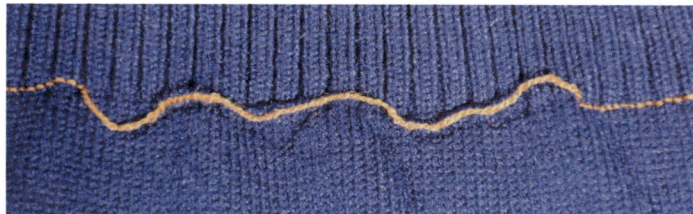

图1-17　跳针导致的脱缝线迹

（2）调整弯针摆头上的偏位螺钉，使弯针进入盘针时靠近盘针V型槽底。弯针摆头偏位螺钉的调整如图1-19所示。

图1-18　微调挑线三角升降接头螺母

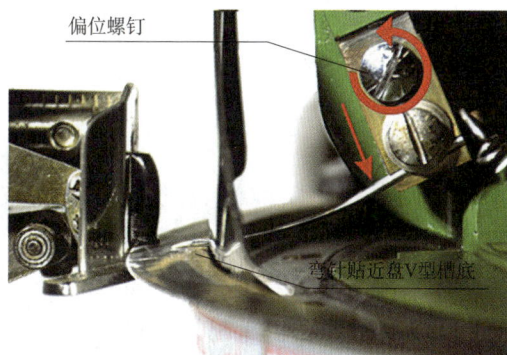

图1-19　调整弯针摆头偏位螺钉

（3）调整弯针托架，使弯针与轴承接触，但不能太紧。

（4）微调双槽凸轮的相对位置，使弯针从挑线三角上线圈中心或略偏中上部穿入，挑线三角在钩线时，坐落于弯针让位平面的中心位置。双槽凸轮螺母的微调操作如图1-20所示。

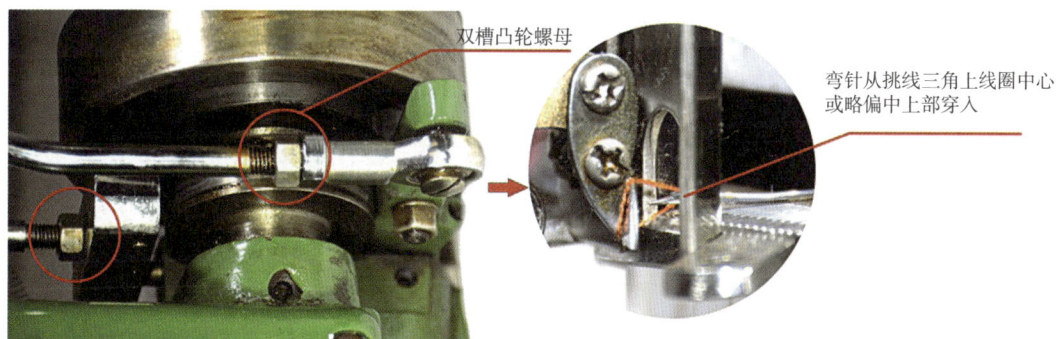

图1-20　微调双槽凸轮螺母

3. 断线

夹线器或张力器（挑线绷簧）过紧，缝线导出不顺畅，或者弯针与盘针产生摩擦，弯针与盘针V型槽不对准等原因都会造成断线。解决方法如下：

（1）适度调松夹线器螺母或根据情况改用单个线夹器。

（2）调松张力器（挑线绷簧）。

（3）调整针臂上的偏位螺钉，使弯针与盘针尽可能靠近，但不能相互摩擦。

（4）调整摇臂连杆上的螺母，使弯针与盘针V型槽中心对准，如图1-21所示。

（5）微调（旋转）小凸轮的方位，使缝合针尖与盘针V型槽坚持同步移动。

4. 空格不成圈

当缝盘机在无挂织片的空白区时；挑线三角与弯针配合不好，或者穿弯板的方位出现偏差，造成部分缝线套圈失败，缝线在衣片空隙无法形成锁链线迹。解决方法如下：

（1）微调挑线三角升降接头螺母或弯针摆头上的偏位螺钉，使挑线三角和弯针的方位置准确。

（2）调整穿弯板的位置，使方孔底边与盘针针头的中心平齐，且弯针从方孔的中心穿过。弯针与弯板方孔的位置如图1-22所示。

图1-21 弯针与盘针V型槽对准

图1-22 弯针与弯板方孔的位置

（3）微调槽凸轮左右双半面的相对位置，使弯针从挑线三角笔直方向的中心或略偏上方穿入。挑线三角钩线时应坐落于弯针让位平面的中心位置。

5. 波涛线迹

弯针或盘针变形，在织片上盘时因刮边、错位等造成衣片上线迹不清或上下漂移。解决方法如下：

（1）在织片上盘（即挂衣）时，应将衣片的同一行（列）穿入盘针。

（2）仔细校准盘针，使其高低一致，距离均匀。

（3）替换已变形的弯针。

6. 缝线起泡

缝线太松、零件松动、弯针与盘针V型槽没对准，挡针盘铁皮太低。解决方法如下：

（1）首先检查缝线是否太松，然后再检查机头零件是否松动。

（2）检查张力器（挑线弹簧）是否太紧，弯针运动时是否与盘针V型槽对准，挡板太低，也会挂断线或起泡。

7. 缝盘机跳线

当缝盘机跳线时，可检查大轮和里面的小轴承之前是否有倾斜、挑线三角磨损是否太大（即连在挑线三角那个小铁块）。

四、织片上盘锁眼

（1）织片侧缝上盘。先根据织片规格选用缝盘机规格。织片不拉不缩上盘，缝份为2支边（即两列纵行线圈）。

（2）锁眼。疏眼对目（即每个有脱散性的线圈都要按顺序穿入盘针），拆废纱后无漏眼现象。上盘锁眼如图1-23所示。

五、织片常见疵点

（1）漏眼。因为对眼（即笠眼）不正确或挂织片不准确，线圈穿在针与针之间的空位

图1-23 上盘锁眼

处导致拆纱后活口线圈脱落。另外，机械故障也会产生漏眼现象，行业称"锄歪眼"。以上两种情况都会造成缝位散脱。

（2）锁错横行。锁眼不同行（即穿错行或高低行）造成拆纱困难或纱口不齐，甚至有缝线绷紧现象。如在缝份内（出现率轻微），则不用返工；但若出现于领、贴、袋等部位的表面缝线时，必须返工。有时为了保证衣物的外观形状，甚至要更换织片。

（3）吃边。织片上盘时不对行，缝迹弯曲，织片有缺口。是否需要返工则要视吃边的比例及工艺要求而定。返工时要拆去吃边部分重新缝合。

（4）烂边。织片因漏针或破损造成的烂边现象。烂边会造成上盘困难，刮边时无法跟行等。因此，缝盘前要检查衣片。衣片因烂边或漏针形成织片边太松或有较大浮线时要退回查片并及时通知主管，并提醒织造部门进行改善，以免影响产品生产进度。

（5）缝线不规则。因穿线不正确、机器调节不准或零件松动而导致有大小或间断性的浮线（即缝线耳仔）。出现这些现象要立即检查原因。如果是穿线不正确，要自行改正；如果是机器有问题，要通知机修师傅调整缝盘机。

（6）缝线过松或过紧。缝线过松会导致缝份爆开或缝位外露；缝线过紧会导致缝位没有弹性、穿着困难，或容易爆线。穿错线或缝线张力不当，而使缝份太松、不紧密缝、浮线等，影响成衣外观。因此，要留意每个工序的要求，每个工序对缝线松紧的要求不一定相同，比如绱领、埋夹、绱袖、锁眼、缉底边等工序的缝线松紧度都略有不同，要根据情况及要求调整缝线张力。

（7）跳线。缝盘机的挑线三角动作不稳定，导致某一部位或多处未缝合，拆纱后漏眼，且缝线容易散脱。

（8）用错缝线。缝线选择错误而致缝线与产品不同颜色或缝线粗细未能与衣片针数配合。选用缝线时，要注意颜色、缸差、毛质差异等。

（9）缝线口没锁住。缝线尾太短，导致线口修口后松脱或散开。

（10）锁眼针路不正。弯针（大针）与盘针（即挂衣针或针仔）坑路不对，导致缝线不符合常规，拆纱后漏针，拆纱困难等，要及时进行缝盘机的调校修正。

（11）织片上盘不匀。织片上盘时拉缩不均匀，织片边缝线起皱，影响成衣质量。

（12）对位不合。上盘花位不对，可能是刮边时拉力松紧不均匀，也有可能是织片工艺（吓数）问题，如收花、加针、开针、剩针等原因，要查找根本原因，及时修正。

（13）肩位（膊位）左右不对称。膊头绳尺寸计算误差太大或剪绳不均匀而导致左右肩位不对称，也会影响到肩宽尺寸。除小平膊外，肩宽尺寸都用膊头绳控制，常见的种类有透明膊头绳、尼龙、棉等材质，以便更好控制毛衫肩位的尺寸稳定性。

（14）领型左右不对称。两边领口上缝盘手势不同或缝份大小不一造成领型左右不对称，影响领型外观。织片上盘时要按收针花斜半寸留缝份，保持两边手势相同，以保证领型对称、圆顺。

（15）领口缝线太紧，无法套过头部（主要针对套头款式）。缝合套头款式毛织服装时，要测试领口缝合后的弹性及回复性，测试标准如表1-3所示。

表1-3 套头毛衫领口弹性测试标准

款式	领口可拉致尺寸/cm	英寸
成人男装	32	12.5
成人女装	30	12
童装	28	11

领口缝线太紧，穿衣时头部无法通过甚至会拉爆线；领口缝线太松，表面会起波浪（起蛇），因此，领口缝合时一定要将缝线张力调至适中。

另外，领口缝合要留意以下几点：

①原身领：领口须锁眼的，领口可拉致32cm（约12.5英寸）。

②单层领：要留意后领套收是否太松或过紧。

③双层领：包里缝份（止口）不可太大，有需要时可适当修剪。

④V领：要留意领嘴中位，以免中位歪斜。

⑤开胸：要留意前中剪口要顺针剪，直位要分中缝。

（16）领贴、下栏开针与衣身针数不符。领贴、下栏开针与衣身针数不符时，会造成领贴、下栏上盘过长或过紧。要通知工艺师傅检查原因，以免大货造成次品。一般情况下，胸贴以四平组织为主，为了尺寸准确，通常先过蒸汽再用划粉画尺寸。

（17）间色服装肩线（膊位）左右不对称。缝合肩斜线时缝份大小不相等或工艺计算未留意到间色要求，导致左右肩位间色大小不匀，影响成衣美观。

六、缝盘工艺要求

毛织服装的款式和造型除靠衣片形状来实现外，还必须靠与之相配合的缝迹来体现，这就要求缝迹位置要正确，过渡流畅平滑，松紧符合造型需要和反映设计意图。毛织服装衣片可由横机编织而成，也可由圆机针织坯布裁剪而成，无论是何种方法织成的衣片，都必须经过缝合这道工序，才能够形成具有穿着价值的毛织服装，这一工艺过程也叫成衣，即指将毛衫的前片、后片、袖片、领片、门襟等各个分离的衣片及辅料用缝线连接成毛衫的过程。缝合质量的好坏，直接影响着毛织服装的质量，它不仅影响毛织服装的穿着性能，而且对体现产品的款式特点和外观造型起着重要的作用。由于毛织服装的款式千变万化，所采用的原料品种繁多，缝合设备、工艺及方法也多种多样，因此对各种毛织服装缝合的要求也有所不同。但基本都有以下几点要求：

1. 缝线与衣片相匹配

（1）缝线颜色。一般情况下，用于缝合毛织服装的缝线，其颜色要与衣片匹配（即颜色相同）。否则缝线显露在毛织服装表面时会影响外观。对于提花产品和拼色产品而言，一般将缝合处所占比例较大的颜色选作缝线颜色，而对于个别以缝线作为装饰用的毛织服装，可根据产品设计需要选择缝线颜色。

（2）缝线粗细。缝线粗细对缝合质量也有较大影响，它应结合衣片毛纱粗细、采用的缝合设备、方法及缝迹密度而定。过粗时缝合困难，过细时外观及牢度受到影响。一般情况下，为了缝合能顺利进行，缝线比衣片毛纱稍细或与其粗细一致。缝合毛织服装衣片时，常用一根28×2tex ~ 31×2tex的精纺同色毛纱作为缝线，缝合化纤类产品时常用衣片原料纱线作为缝线。

（3）缝线成分。为保证毛织服装在长期穿着过程中，衣片和缝线在性能和颜色等方面保持一致，要求缝线原料成分应和衣片原料成分相同或相近。

（4）缝线质量。缝线应具有较高的强力和强力均匀度，表面光滑且细度均匀，捻度适中且均匀，柔软且富有弹性。缝线卷绕紧密，光滑无毛刺，无结头无划痕，以减少断头和坏针。

2. 缝迹要平整并能体现款式特点

缝迹是指由线迹连接而形成的缝。由于毛织服装衣片有较大的延伸性、弹性和一定的脱散性，因此，缝合衣片时，所选用的缝迹也必须具备与被缝衣片及部位相适应的延伸性和弹性，并能防止衣片边缘线圈脱散。在缝合时有以下几点要求：

（1）衣片与衣片间对位记号对位要准确无误。

（2）缝迹平整，不引人注意，与衣物浑然一体。

（3）缝线张力适中，衣片不起皱、变形小。

（4）针密度应大于或等于被缝衣片密度，均匀无针洞。

（5）线头应顺势勾入衣片内，使表面整洁无线头，行业内称为修口。

3. 缝合要有足够的牢度

所谓缝合牢度是指毛织服装在穿着过程中经反复拉伸和摩擦，缝迹不受破坏的使用期限。缝迹牢度受缝迹结构和缝线弹性的影响，特别是在穿着过程中经常受拉伸的部位，一定要用有弹性的缝迹结构和缝线，保证在使用时缝线不被拉断或开缝脱线。缝迹强力直接与缝线强力有关，采用的缝线强力越大，形成的缝迹的强力也就越大。一般缝迹密度大时它的强力也大，但缝迹密度过大时，强力反而有所下降，缝线消耗增大。缝线的耐磨性对缝迹的牢度也有较大影响，毛织服装在穿着时，几乎所有缝迹都要受到摩擦，尤其是拉伸性大的部位。缝料与缝线，人体或内衣与缝线之间的摩擦更是频繁。实践证明，缝迹的破坏大多是缝线磨断造成的，因此，缝线一定要耐磨。

4．上盘的基本方式

（1）锁眼（行业称笠眼），将间纱交接处的横列线圈对眼上盘缝合。

（2）刮边，将织片的纵行对应缝合。

5．织片上盘（套口）要求

缝盘机的机号应和衣片编织横机的机号相匹配，在套口时，纵向套耗为1～2针，横向套耗为2～3横列，如图1-24、图1-25中的纵向缝份、横向缝份所示。套口时不允许有针纹歪斜和搭针（即两根盘针穿同一个线圈内或两个线圈穿入一根盘针内）现象。在合肩和绱袖工序时，通常肩缝缝份伸长率应大于110%，挂肩缝缝份伸长率应大于130%。

图1-24　纵向缝份

图1-25　横向缝份

6．缝盘注意事项

（1）了解缝挑规格表，熟识缝制要求、绱领尺寸、挑撞要求。

（2）了解衣片的对位标记及尺寸要求。

（3）了解衣片有无条、格、花纹，是否要对条、对格、对花。

（4）了解衣片是否有袋及袋的形状 。

（5）确定是否要落洗水带、码数纸等。

基础知识与技能——

毛织服装缝制基础

课程名称： 毛织服装缝制基础

课题内容： 成形织片与半成形织片

　　　　　　毛织服装常见组织结构

课题时间： 2课时

教学目的： 通过本章学习，使学生认识成形织片与半成形织片，
了解针织品常见组织结构。

教学方式： 理论与案例分析相结合，微课辅助，注重实际动手操作。

教学要求： 1. 学会区分成形织片与半成形织片，认识挑孔标记
及对位花。

　　　　　　2. 了解成形织片与半成形织片的特点及用途。

　　　　　　3. 熟识毛织服装各部位衣片名称。

　　　　　　4. 认识毛织服装的组织结构，为后期的织补工艺学
习打基础。

　　　　　　5. 了解各类针织物的特性及用途。

第二章　毛织服装缝制基础

第一节　成形织片与半成形织片

一、成形织片与半成形织片

成形织片即衣片完全按板型工艺进行收针（又称减针）、放针（又称加针），使衣片完全按照款式所需要的结构进行编织。直接编织出衣片的形状有肩形、领形、夹形，也有宽窄，如图2-1所示。

成形织片的领口、肩部等部位拷针的针数相对较多，在实际生产中，通常把多针拷针中需要拷针的部位改为连续编织，用间花、挑孔等工艺标识织片板型线条，这类织片称为半成形织片，如图2-2所示。半成形织片缝合时，个别部位要在上缝盘机后按对位花或挑孔标记裁剪后得到合适板型，前领对位花如图2-3所示，后领对位花图2-4所示。

图2-1　成形织片　　　　　　　图2-2　半成形织片

二、成形织片与半成形织片的特点及用途（表2-1）。

表2-1　成形织片与半成形织片的特点及用途

编片类别	特点	用途
成形织片	由织机直接编织出衣片形状，有夹形、肩形、领形 编织过程较复杂，收针速度慢，特别是并锁式拷针，上机织片时间长，生产效率较低	尺寸相对更稳定，缝边整齐美观，一般用于成本较高的毛织服装

编片类别	特点	用途
半成形织片	用间花、挑孔等工艺标识织片板型线条，编织结束处有间纱 织片时收针少，效率较高	一般用于中低档毛织服装

三、毛织服装衣片的分类

（1）前片：领位较深，轮廓线条为圆顺的弧度，如图2-3所示。

（2）后片：领位较浅或平行，如图2-4所示。

（3）袖片：分为长袖、短袖、中袖、灯笼袖等。

（4）领片：通常分圆领、V领、翻领、立领等。

（5）胸贴：分圆筒（元全）、坑条、贴仔等。

（6）袋片：分直角袋、圆角袋、明袋、暗袋等。

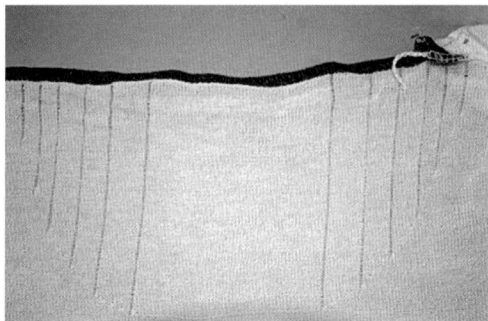

图2-3　前领对位花（较深）

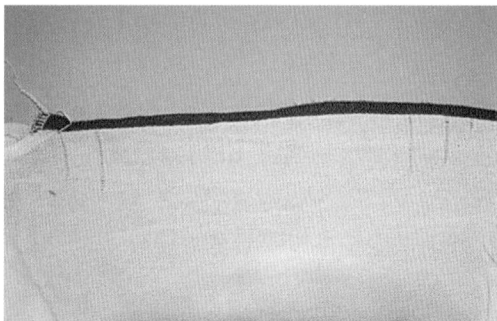

图2-4　后领对位花（较浅）

第二节　毛织服装常见组织结构

毛织服装的组织结构是由线圈按照一定的联结形式排列组合而成的。组织结构不仅影响服装的整体效果和风格，而且对毛织服装的弹性、保暖性都有影响。所以我们在进行毛织服装缝制及后整前，要对织物组织结构有充分的了解。

常用的纬编组织结构分为基本组织和花色组织两大类。基本组织有平针组织（最基本的组织）、罗纹组织（袖口、衣领等）、双反面组织和双罗纹组织。花色组织有提花组织、集圈组织、纱罗组织、波纹组织（扳花组织）、添纱组织、毛圈组织、衬垫组织等。

一、平针组织

平针组织又称纬平组织或单面组织。平针织物正反面外观效果不同，因为反面的圈弧比正面的圈柱对光线有更大的漫反射作用，所以织物反面看起来较暗。在成圈过程中新线圈是由织物反面穿到正面，因此纱线的接头、杂质等被挡在织物的反面，相比之下其正面显得光洁、平整，如图2-5所示。平针组织是针织物中最常见的组织，其特点是结构简单，质地轻、薄、柔软，纵、横向拉伸时具有较好的延伸性，横向延伸性比纵向大，其边缘有较大的卷边性，如图2-6所示。织物可以顺编织方向和逆编织方向脱散。素色纬平针织物应用最为广泛，具有简单、光洁、平整的外观特征。

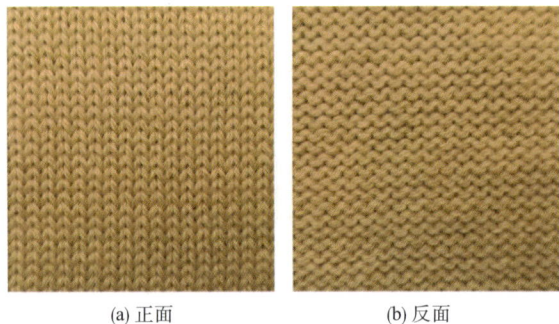

(a) 正面	(b) 反面

图2-5 平针织物外观

(a) 正面	(b) 反面

图2-6 平针组织衣片外观

二、四平组织

四平组织属罗纹大类。满针罗纹织物又称四平织物，因在编织过程中前后机床呈满针排列而得名，织物外观效果与1+1罗纹组织相似。在相同条件下，满针罗纹组织比1+1罗纹组织紧密、厚度较厚、幅宽较宽、织物平整、弹性好，横向拉伸性小，不卷边，尺寸稳定性及保型性好，常用于毛织服装的衣身、衣领、门襟和袋边等部位。

三、1+1罗纹组织

1+1罗纹组织又称单罗纹。罗纹组织在自由状态下，织物的两面都只能看到正面线圈的纵行，只有在拉伸的情况下才能看到被遮盖的反面线圈纵行，外观效果如图2-7所示。罗纹组织的这种特性使得罗纹织物蓬松柔软、具有较大的弹性和横向延伸性。由于1+1罗纹组织中的卷边力彼此平衡，因此不会发生卷边现象，如图2-8所示。1+1罗纹只能沿着逆编织方向脱散。该组织常用于毛织服装的领口、袖口、底边、裤口等弹性要求高的部位及衣片的起始横列。

图2-7 1+1罗纹织物外观（正反面外观相同）

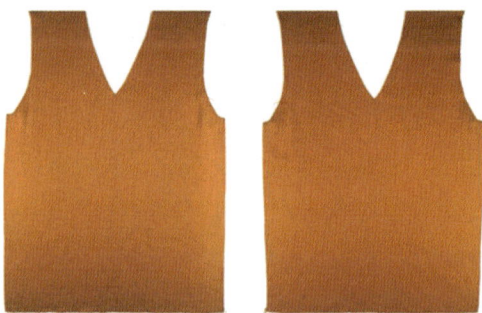

(a) 正面	(b) 反面

图2-8 1+1罗纹组织衣片外观

四、2+2罗纹组织

2+2罗纹组织在双针床上编织，二隔二排针。横向延伸性和弹性较强。罗纹织物的横向延伸性和弹性取决于一个完整组织中正反面线圈纵行数的不同配置，其中2+2罗纹组织的横向延伸性最大，是毛织服装底边、袖口处常用的组织。除1+1罗纹组织外，其他罗纹组织逆编织和顺编织方向都可能脱散，而且都具有不同程度的卷边性。罗纹织物还具有呈纵向凹凸条纹的外观，被广泛应用于女装设计，其富有弹性的特点使得衣服穿着后纵向条纹随人体形态而变化，容易衬托出人体的自然美感，其组织外观与衣片外观如图2-9、图2-10所示。

图2-9　2+2罗纹织物外观（正反面外观相同）

(a) 正面　　　　　　　(b) 反面

图2-10　2+2罗纹组织衣片外观

五、四平空转组织

四平空转组织又称罗纹空气层组织，是罗纹组织与平针组织复合而成的组织，可理解为一横列四平与一横列管状组织的组合。其特点是正反面的平针组织无联系，呈架空状态，比罗纹组织厚实，有良好的保暖性，横向延伸性小，形态较稳定，织物紧致厚实，有韧性，挺阔有型。四平空转组织外观如图2-11所示。

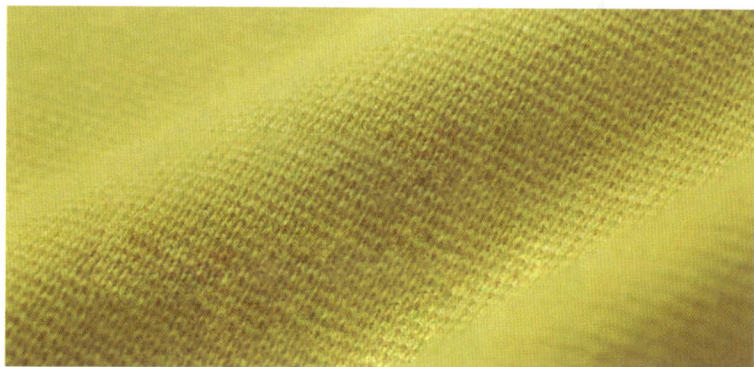

图2-11　四平空转织物外观

六、集圈组织

单针床单面集圈织物又称平针胖花织物。在单针床上编织，织针排列，前针床上采用高低织针组合排列，排配比例视花型要求而定。集圈组织花色较多，适用范围广，利用集圈的排列及使用不同色彩和性能的纱线，可编织出表面具有图案、闪色、孔眼以及凹凸等效应的织物，使织物具有不同的服用性能与外观。但由于长线圈的存在，织物强力会受到影响，且横向延伸性大。集圈组织的脱散性较平针组织小，但容易抽丝。由于集圈的后面有悬弧，所以其厚度较平针组织与罗纹组织大，而它的横向延伸性较平针组织、罗纹组织小。单面集圈织物外观如图2-12所示，双面集圈织物外观如图2-13所示。

图2-12　单面集圈织物外观	图2-13　双面集圈织物外观

七、波纹组织

波纹组织又叫扳花组织，以移动针床的手段，使线圈产生交叉编织而成。波纹织物的倾斜线圈是根据波纹花型要求，在横机上移动针床而形成，倾斜线圈按各种方式排列在织物表面，得到各种曲折花型和其他各种图案。用于波纹组织的基本组织是各种罗纹组织、集圈组织和一些双面组织。由于所采用的基础组织不同，波纹组织的结构和花纹也不同，变化丰富。常用于毛织服装领口、袖口的装饰，也可为全身编织图样。波纹织物外观如图2-14所示。

图2-14　波纹织物外观

八、畦编组织

畦编组织又称双鱼鳞组织，也称双元宝针，分半畦编组织和全畦编组织两种。

（1）半畦编组织，俗称单元宝针。半畦编组织结构，一面全部是单列集圈，另一面为平针线圈。单列集圈面是编织一转形成一个横列；平针线圈面是一转两个横列线圈，其中与单列集圈面的悬弧同时编织的那一横列的线绷成圆形状，并覆盖着另一个横列的线圈。

（2）全畦编组织，俗称双元宝针。全畦编织物的两面线绷上都含有一只悬弧，而且这种织物的两面都是一转一个横列。

畦编织物可以采用抽条和扳花等来增加花型。畦编织物具有丰厚、柔软、悬垂性好、外表美观等优点，是针织毛织服装上常用的织物组织，通常用于设计婴儿、幼儿及男女套装等。采用1+1罗纹排针所编织的畦编织物，具有优良的悬垂性，常用作各类宽松毛织服装的组织结构。

九、提花组织

提花组织是将不同颜色的纱线垫放在按花纹要求所选择的某些针上编织成圈而形成的一种组织，纱线在线圈横列内有选择地以一定间隔形式形成线圈的组织，纱线在不成圈处，一般呈浮线留在织物的反面。提花织物较厚实，不易变形，延伸性和脱散性较小，有良好的花色效果。提花织物根据组织结构，可分为单面提花和双面提花两大类。提花组织形成的各种花型，具有逼真、别致、美观大方、织物条理清晰等优点，织物效果如图2-15所示。

图2-15　提花织物外观

嵌花织物是提花织物的一种，又称单面无虚线提花织物，是指用不同颜色或不同种类的纱线编织而成的纯色区域的色块，相互连接镶拼成花色图案的织物。每个纯色区域都具有完好的边缘，且没有浮线。组成纯色区与色块的织物组织除了可以采用纬平针、1+1罗纹、双反面等基本组织外，还可以采用集圈、绞花等花色组织。

十、挑花组织

挑花组织的学名为纱罗组织，又称空花织物。其是在纬编基本织物的基础上，根据花型要求，在不间针、不同方向进行线圈移位，构成具有孔眼的花型，如图2-16所示。因此，挑花织物又称起孔织物。挑花织物有单面挑花织物和双面挑花织物两种。

（1）单面挑花织物：是指以单面织物为基本结构，按花型图案将线圈移圈而成的织物。利用自动机械或手工的方法按照花型示意图的要求在编织过程中逐步移圈。

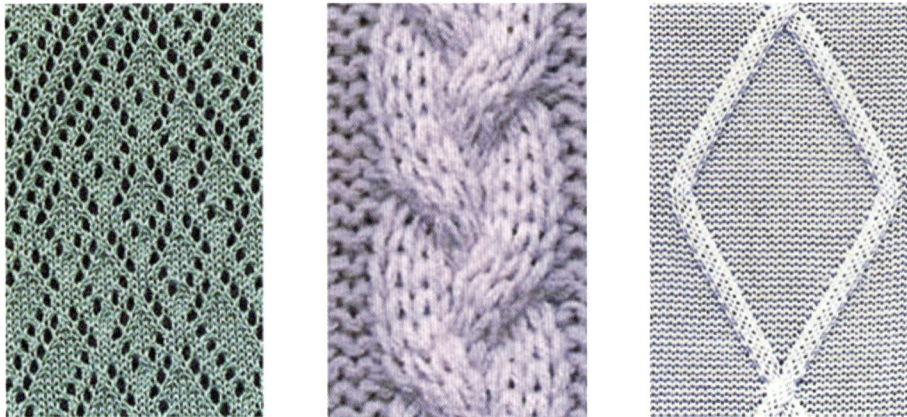

图2-16　单面挑花织物外观

（2）双面挑花织物：是指以双面织物为基本结构，按花型图案将线圈移圈而成的织物。其花型常以单针床编织为主，配以另一针床上的织针进入编织，通过集圈或退出工作来得到花色效果。双面挑花织物比单面挑花织物的花型变化更丰富，其也具有轻便、美观、大方、透气性好等特点。这种组织结构常用来设计极具女性化特征的服装。

十一、毛圈组织

毛圈组织是由平针线圈和带有拉长沉降弧的毛圈线圈组合而成的一种花色组织，其结构单元为毛圈线圈加上拉长沉降弧的毛圈线圈。毛圈织物外观如图2-17所示。毛圈组织又分为普通毛圈和花式毛圈，其中花式毛圈又有单面毛圈和双面毛圈之分。

（1）普通毛圈组织：是指每一只毛圈线圈的沉降弧都被拉长形成毛圈，包括满地毛圈、正包毛圈、反包毛圈。

（2）花式毛圈组织：是指通过毛圈形成花纹图案和效应的毛圈组织，包括提花毛圈组织、浮雕花纹毛圈组织、高度不同的毛圈组织等。

图2-17　毛圈织物外观

工艺与实践应用——

毛织服装缝制工艺流程

课程名称： 毛织服装缝制工艺流程

课题内容： 毛织围巾缝制工艺

毛织半身裙缝制工艺

女式长裤缝制工艺

V领无袖背心缝制工艺

女式圆领短袖T恤缝制工艺

女式插肩长袖对襟衫缝制工艺

男式T恤缝制工艺

连帽衫缝制工艺

连衣裙缝制工艺

课题时间： 16课时

教学目的： 通过本章学习，使学生掌握针织服装常见款式的缝制工艺流程。

教学方式： 任务驱动，工学结合，理论与案例分析相结合，用企业岗位标准作为评价标准。

教学要求： 1. 学会区分织片的起编及结束编织位置。

2. 能根据款式结构，编写各类毛织服装的缝制工艺流程。

3. 掌握锁眼的工艺及要求。

4. 掌握各类贴的缝合工艺。

5. 掌握各类毛织品的熨烫工艺及要求。

6. 熟悉各类毛织服装的质量要求。

第三章　毛织服装缝制工艺流程

第一节　毛织围巾缝制工艺

一、围巾款式概述

围巾是用来御寒或修饰颈部的服饰，能让服装的整体搭配更显效果。常见针织成形围巾有长条形、三角形、方形、菱形等，如图3-1所示。针织类围巾相比机织围巾更柔软舒适，一般采用羊毛、棉、丝、莫代尔、人棉、腈纶、涤纶等纤维为原材料。

长方形　　　　　　　三角形　　　　　　　菱形

图3-1　常见围巾款式

二、常见围巾成品规格（表3-1）

表3-1　常见围巾成品规格　　　　　　单位：cm

号型	形状	长条形	三角形	方形
均码	参考规格	160×25	170×120×120	150×150

三、围巾质量要求

（1）尺寸符合要求。围巾作为服饰，尺寸要求相对稍低，其允许误差范围相对较大。一般长度尺寸允许误差为（-3 cm，+3cm），宽度尺寸允许误差为（-1 cm，+1cm）。

（2）外观结构及组织完整，无漏针、破损、色渍、污渍。

（3）锁眼缝线张力适中，有弹性，不漏眼、不起耳，缝边平服，修口美观。

四、围巾织片起编及结束编织位置（即落布位）

全成形编织的围巾无需锁眼，因为结束编织处用并锁式拷针编织（也称为关边）。目前市场上大部分围巾产品不是全成形编织，结束编织处通常会编织撞色间纱作为织片之间的过渡，围巾的锁眼位置就在结束编织处。围巾织片起编及结束编织位置如图3-2所示。

五、围巾缝制工艺流程

检查织片→锁眼→拆间纱→挑撞（修口）→洗水→车唛→剪线→熨烫→质检→包装

六、围巾缝制工艺详解

（1）检查织片。检查围巾织片有无严重烂孔、烂边等，规格、色差是否符合要求。

（2）锁眼。用缝盘机在围巾织片结束编织处进行锁眼。上盘时，织片正面朝针盘内，对眼挂上针盘，如图3-3、图3-4所示。锁眼缝线张力适中，要有弹性，不起耳仔。

图3-2　围巾织片起编及结束编位置

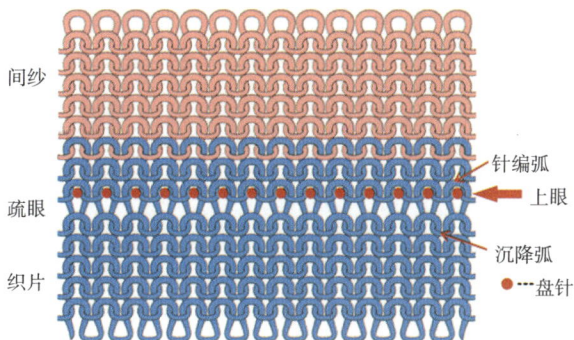

图3-3　围巾锁眼位置示意图

图3-4　围巾锁眼实物图

锁眼前，需在织片前1英寸位置的针盘上穿一小块废片，以便链式线迹顺利起缝并过渡到织片上，如图3-5所示。

（3）拆间纱。围巾锁眼后，将织片上的间纱（通常使用与织片撞色纱线）抽除。注意用力均匀，不能出现抽纱、起蛇等疵点。

（4）挑撞（修口）。一般情况下，毛织围巾缝线修口（即收线头）即可。根据织片机号及纱线的粗细选择合适的舌针，将锁眼两端线头契勾入围巾背面，将线头完美地隐藏在织片

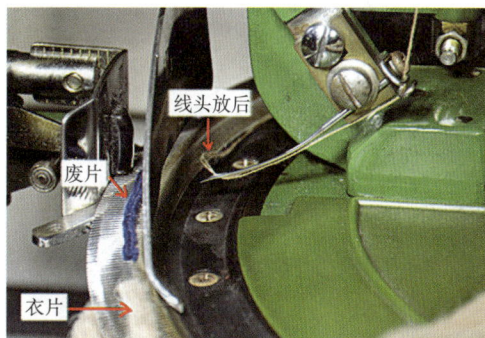

图3-5　在针盘上穿一小块废片

内，修口一般挑3针。

（5）洗水。具体方法参考第五章毛织服装洗水工艺。

（6）车唛（平缝机）。按生产工艺单及客户要求将唛头缝合在围巾相应位置。

（7）剪线。清查成品两面，将外露的线头清剪干净。注意鉴别是线头还是织片浮圈，以免误剪而产生次品。

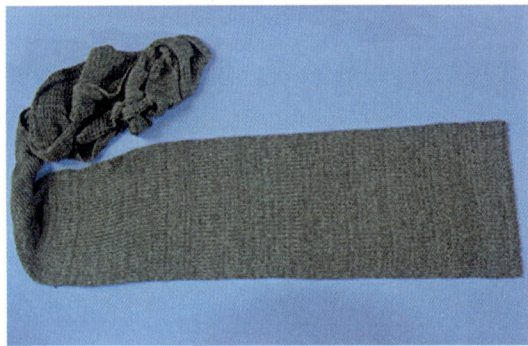

图3-6 毛织围巾熨烫

（8）熨烫。毛织围巾的熨烫工序相对较为简单。通常围巾比烫台要长，将围分段平铺在烫台上，然后按模板或尺寸要求进行铺理，如图3-6所示，按先反面后正面的顺序加蒸汽烫平服。注意，熨斗不要压到围巾，以免压死围巾表面绒毛。

（9）质检。检验过程与方法按本节围巾质量要求进行。

（10）包装。按生产工艺单的包装说明及客户要求进行。

第二节　毛织半身裙缝制工艺

一、毛织半身裙款式概述

一片式半身裙，裙身腰部绱包边腰头，腰头内包裹橡筋，后中开衩，款式如图3-7所示。

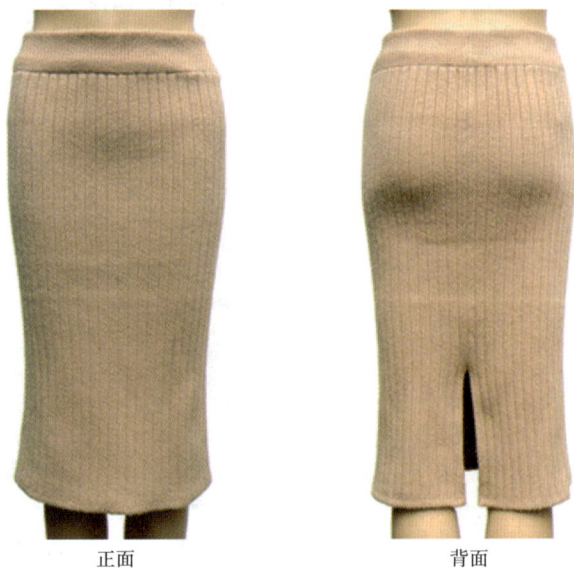

正面　　　　　　背面

图3-7 毛织女半身裙

二、毛织半身裙成品规格（表3-2）

表3-2　毛织半身裙成品规格（160/84A）　　　　　　　　　单位：cm

部位	腰头宽	裙长	腰围	臀围	摆围
尺寸	5	65	61	74	78

三、毛织半身裙部件数量

裙片1片，橡筋（长62cm）1条。

四、毛织半身裙质量要求

（1）腰头宽窄顺直一致，无涟形，腰口不松开。

（2）侧缝平顺，H型半身裙注意纵向对坑条。

（3）后中开衩长短一致。

（4）整烫平服，无反光、烫黄、污迹。

五、毛织半身裙缝制与后整工艺流程

检查衣片→合缝橡筋（平缝机）→拆腰头间纱→缝合后中缝（缝盘机）→折缝腰头（缝盘机）→挑撞（修口）→洗水→车唛→剪线→熨烫→质检→包装

六、毛织半身裙缝制工艺详解

（1）检查衣片。检查衣片有无破洞等严重缺陷，规格、色差等是否符合要求。

（2）合缝橡筋（平缝机）。合缝橡筋时使用平缝机，橡筋重叠缝份为1cm，头尾要倒回针（3针），合缝时线迹要顺直，不能爆口、落坑，如图3-8所示。

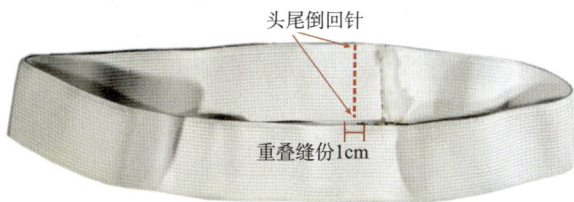

图3-8　合缝橡筋

（3）拆腰头间纱。织片为连织式腰头，顶端要折边作为缝份，因此要将裙片腰头位置的间纱抽除，注意不能损坏裙片。

（4）缝合后中缝（缝盘机）。裙片后中缝对纵向坑纹，不吃边；后中开衩长度一致，如图3-9所示。

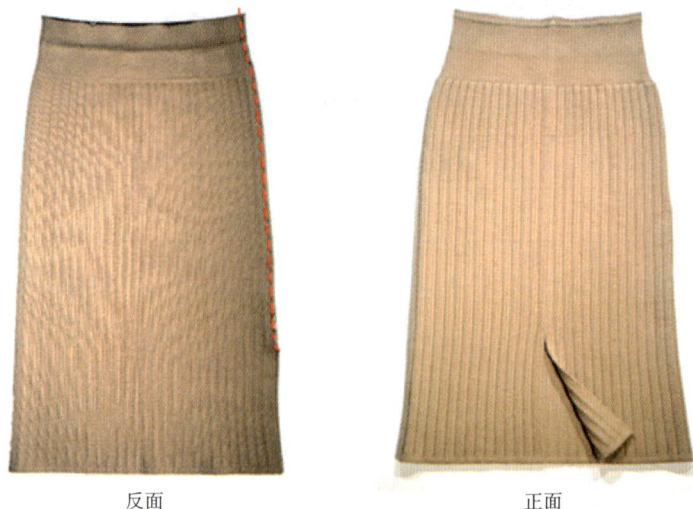

反面　　　　　　　　　　　　　　　正面

图3-9　缝合后中缝

（5）折缝腰头（缝盘机）。

①织片上盘前先画对位标记（一般约四等分），以免上盘时产生错位。

②内翻腰头并将橡筋包裹于腰头内部。

③上盘时从后中开始，裙片正面朝内沿腰位间花线挂到盘针上，再将腰头沿间花折边作为缝份挂入盘针，如图3-10所示。缝合过程中注意对位，不能缝到橡筋（保持橡筋是活动的），缝迹平顺，无落坑。

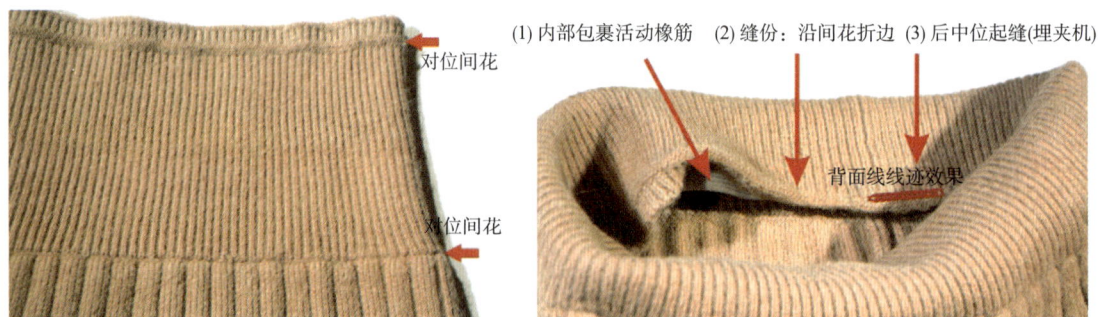

(1) 内部包裹活动橡筋　　(2) 缝份：沿间花折边　　(3) 后中位起缝（埋夹机）

对位间花

对位间花

背面线线迹效果

图3-10　折缝腰头

（6）挑撞（修口）。将腰头缝线头、后中开衩处缝线头用舌针（或织针）收藏妥当。修口挑3针，要藏于裙片背面或缝份内侧，不能外露于裙子表面，如图3-11所示。

（7）洗水。具体方法参考第五章毛织服装洗水工艺。

（8）车唛（平缝机）。主唛及洗水唛位置均在后中衩顶上2.54cm（1英寸），洗水唛对折后，开口处边折0.5cm作为缝份，用平缝机缝合在后中缝份，起止时倒回针（3针），如图3-12所示。

（9）剪线。将毛织半身裙内外线头清剪干净，注意鉴别是线头还是织片线圈，以免误

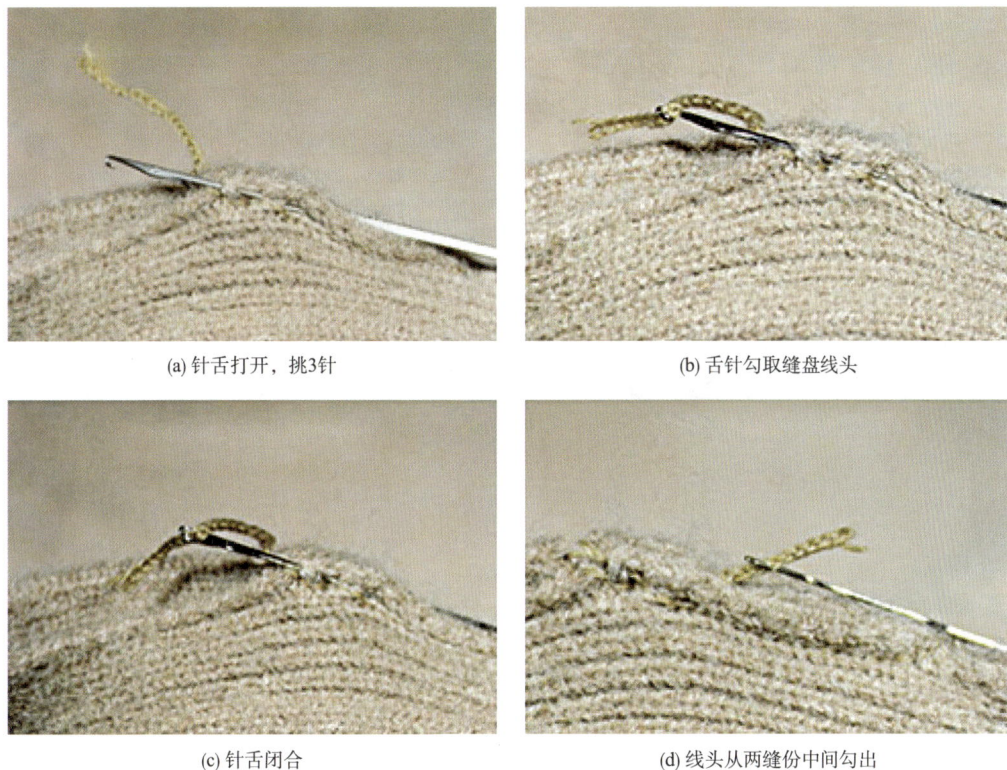

(a) 针舌打开，挑3针　　　　　　　　　(b) 舌针勾取缝盘线头

(c) 针舌闭合　　　　　　　　　　　　(d) 线头从两缝份中间勾出

图3-11　半身裙缝线修口

剪导致产生次品。

　　（10）熨烫。半身裙的熨烫要使用定型板。先熨烫裙子的背面，再熨烫正面，注意熨斗不要压住，加蒸汽烫吹平服，抽风吸湿即可。

　　（11）质检。检验过程与方法按本节毛织半身裙质量要求进行。

　　（12）包装。按生产工艺单的包装说明及客户要求进行，可参考图3-13。

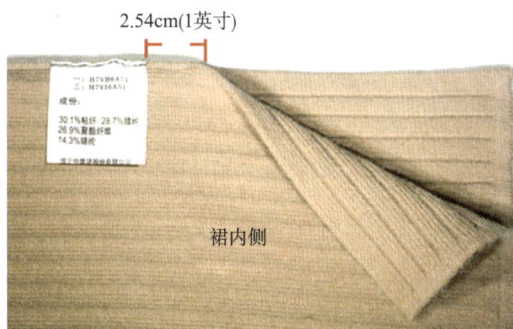

图3-12　毛织半身裙车唛位置

图3-13　毛织半身裙包装

第三节　女式长裤缝制工艺

一、女式长裤款式概述

中腰，衣身绱腰头，腰头内包裹活动橡筋，前中穿出装饰性配色横机腰头绳，小喇叭脚口长裤（图3-14）。

(a) 正面　　　　　　　　(b) 背面

图3-14　毛织女式长裤

二、女式长裤成品规格（表3-3）

表3-3　女式长裤成品规格（160/84A）　　　　　　单位：cm

部位	腰头	裤长	腰围	臀围	脚口
尺寸	4.5	91	66	92	56

三、女式长裤部件数量

左裤片1片，右裤片1片，橡筋1条，配色横机腰头绳（宽1.5cm）1片。

四、女式长裤质量要求

（1）成品尺寸要符合规格。

（2）修口到位，内外无线头外露。

（3）腰头宽窄一致，缝迹顺直。

（4）腰头绳眼位置对称。

（5）下裆缝十字位对齐。

（6）整烫平服，无反光、烫黄、污迹。

五、女式长裤缝制工艺流程

检查衣片→合缝橡筋（平缝机）→腰头拆纱→缝合前裆缝（缝盘机）→缝合后裆缝（缝盘机）→下裆缝（埋夹机）→折缝腰头（埋夹机）→挑撞（修口）→洗水→车唛→剪线→穿腰头绳→熨烫→质检→包装

六、女式长裤缝制工艺详解

（1）检查衣片。检查衣片种类、规格及数量是否正确，色差是否符合要求，检查织片有无破洞等严重缺陷。

（2）合缝橡筋（平缝机）。具体工艺参考本章第二节。

（3）拆腰头间纱。

（4）缝合前裆缝（缝盘机）。将两裤片正面对正面重叠，缝合前裆缝（弧度较小的一边），如图3-15所示。

（5）缝合后裆缝（缝盘机）。将两裤片正面对正面重叠，缝合后裆缝（弧度较大的一边），如图3-15所示。

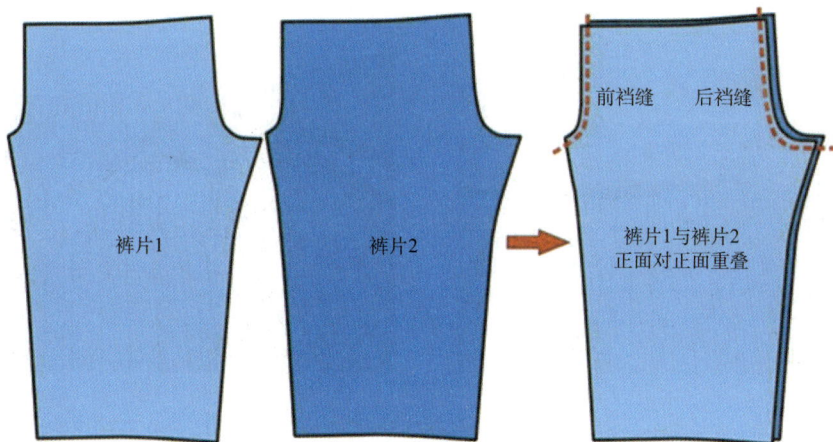

图3-15　女式长裤前、后裆缝

（6）下裆缝（埋夹机）。根据生产工艺单及客户的要求，部分产品在该工序会用埋夹机替代缝盘机，埋夹机效率相对较高，如图3-16所示。

（7）折缝腰头（埋夹机）。具体方法参考第二节毛织半身裙缝制与后整。

（8）挑撞（修口）。具体方法参考任务第二节毛织半身裙缝制与后整。

（9）洗水。具体方法参考第五章毛织服装洗水工艺。

（10）车唛。主唛及洗水唛位置均在后中线距离上止口下方2.54cm（1英寸）处，洗水唛对折后，开口处折0.5cm作为缝份，用平缝机缝合在后中，起止倒回针（3针），如图3-17所示。

图3-16　女式长裤下裆缝

图3-17　女式长裤车唛位置

（11）剪线。将裤子内外线头清剪干净。

（12）穿腰头绳。借助钩针等工具，将腰头绳从绳眼处勾出，如图3-18所示。

图3-18　女式长裤穿腰头绳

（13）熨烫。毛织服装弹性较大，无须归拔，将服装熨烫平服，达到规格尺寸要求即可，根据需要可借助定型板辅助。先熨烫背面，再熨烫正面，熨斗不要压在织物上，加蒸汽烫吹平，抽风吸湿即可。

（14）质检。检验过程与方法按本节女式长裤质量要求进行。

（15）包装。按生产工艺单的包装说明及客户要求进行，可参考图3-19。

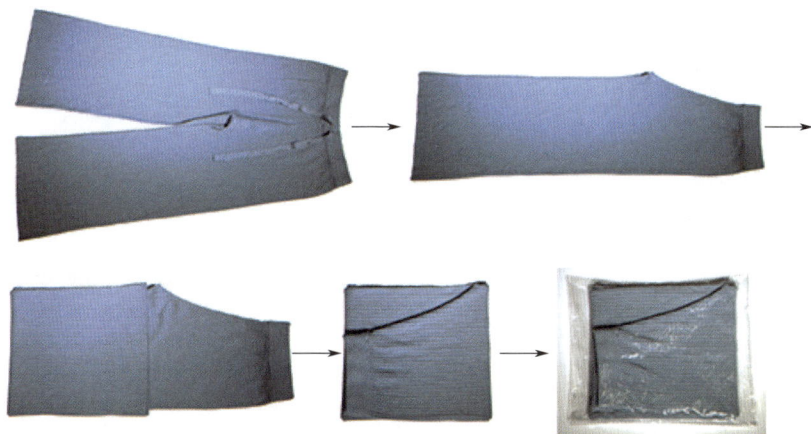

图3-19　女式长裤包装步骤

第四节　V领无袖背心缝制工艺

一、V领无袖背心款式概述

V领，罗纹底边，领口、袖窿处缝单层2×2罗纹布贴边，后领缝包织带（图3-20）。

(a) 正面　　　　　　　　　　(b) 背面

图3-20　V领无袖背心

二、V领无袖背心成品规格（表3-4）

表3-4　V领无袖背心成品规格（160/84A）　　　　　　　　　　　　单位：cm

部位	胸围	腰围	底边围	衣长	肩宽	领宽	领深
尺寸	88	75	86	63	36	17	19

三、V领无袖背心部件数量

前片1片，后片1片，领口罗纹贴边1片，袖窿罗纹贴边2片、膊头绳2条、后领缝份织带1条，如图3-21所示。

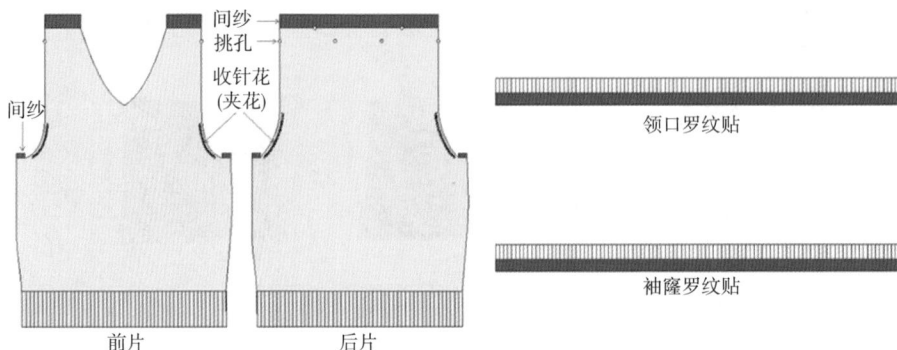

图3-21　V领无袖背心部件

四、V领无袖背心质量要求

（1）成品尺寸要符合规格。

（2）V领底挑撞到位，贴合紧密，对称美观，

（3）左右肩位长度一致，袖窿圆顺对称。

（4）修口到位，内外无线头外露，缝线无跳针或浮线现象。

（5）缝份刮边均匀，无落坑。

（6）整烫平服，无反光、烫黄、污迹。

五、V领无袖背心缝制工艺流程

检查衣片→合肩缝（缝盘机）→肩缝锁边（包缝机）→绱领贴（缝盘机）→绱袖窿贴边（缝盘机）→合侧缝（缝盘机）→挑撞→洗水→车唛→剪线→熨烫→质检→包装

六、V领无袖背心缝制工艺详解

（1）检查衣片。检查衣片种类、规格及数量是否正确，色差是否符合要求，检查织片有无破洞等缺陷。

（2）合肩缝（缝盘机）。合肩缝也称合肩或合膊。肩位要用膊头绳来稳定肩宽尺寸（当生产工艺单不要求用膊头绳时，上盘后要量尺寸）。膊头绳靠后片，对位挑孔（即挑吼）下两行对位上盘，前5针与后5针要对位。按前片、后片、膊头绳顺序上盘，最后一起缝合，如图3-22所示。

（3）肩缝锁边（包缝机）。肩缝锁边示意图，如图3-23所示。

（4）绱领贴（缝盘机）。该款式领贴为单层领贴，工艺相对简单，从V领底开始上盘，先挂领贴（对疏眼），再挂衣片，衣片正面朝向缝盘中心，缝到后领口时，挂入织带。领贴绱完后，把后领口多余缝份修剪掉，将后领口织带上翻包住缝份，缝合织带上边，注意要确保织带能完全包住后领口缝份，如图3-24所示。

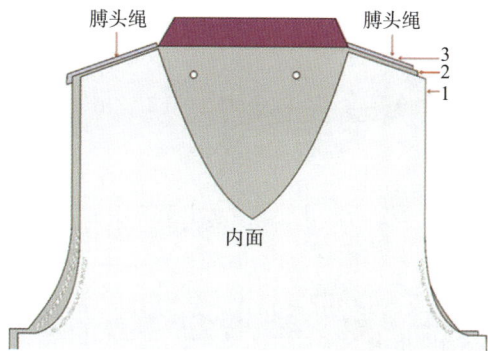

图3-22　合肩缝示意图

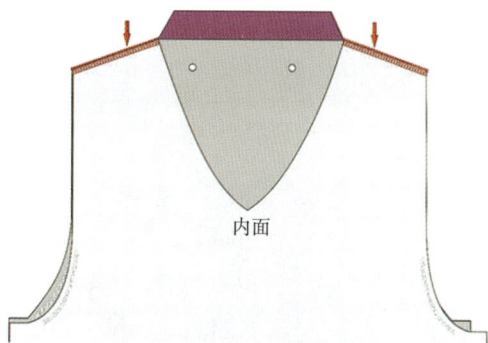

图3-23　肩缝锁边示意图

（5）绱袖窿贴边（缝盘机）。绱袖窿贴边参考绱领贴工艺，从袖窿底部开始上盘挂衣。

（6）合侧缝（缝盘机）。用缝盘机将背心两侧缝合。上盘时刮2支边，部分中低端产品会选用埋夹机缝合该部位，以提高生产效率，如图3-25所示。

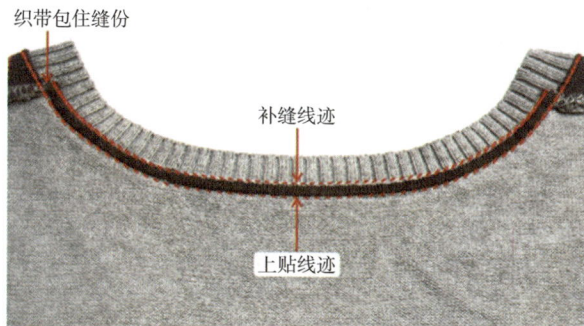

图3-24　后领口织带缝合实物图示

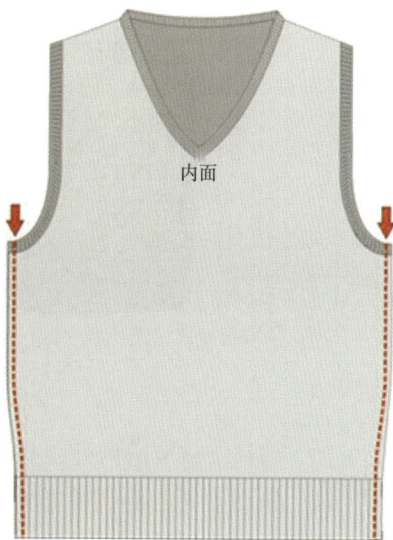

图3-25　合侧缝

（7）挑撞。

①挑V领：单面领贴挑V领口相对简单，画出前领底中线，用平针法沿底领中线缝合，然后将两边缝位躺铺于两边，用挑针针法缝合，注意领底两边要对称、平顺，如图3-26所示。

②修口：用舌针（或织针）将缝盘线头收藏妥当，修口挑3针，且要藏于背面或缝份内侧，不能外露衣物表面。

（8）洗水。具体方法参考第五章毛织服装洗水工艺。

（9）车唛。尺码唛平缝于主唛下方，主唛用平缝机码缝在后中（后领深点向下0.5cm），两边折0.5cm作为缝份，底面线要与接触面配色（即面线与主唛配色，底线与背心衣片配色）。洗水唛缝于右侧缝（底边向上10cm），开口边折0.5cm作为缝份，缝在衣身侧缝上，起止要倒回针，如图3-27所示。

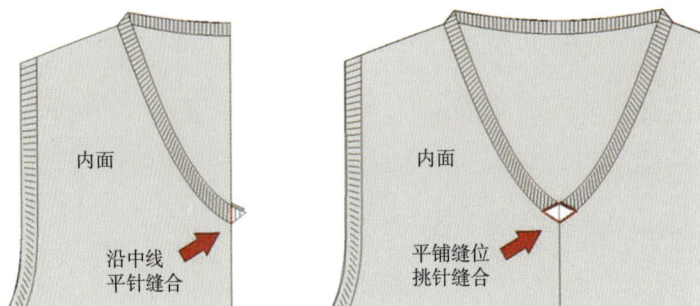

图3-26　挑V领

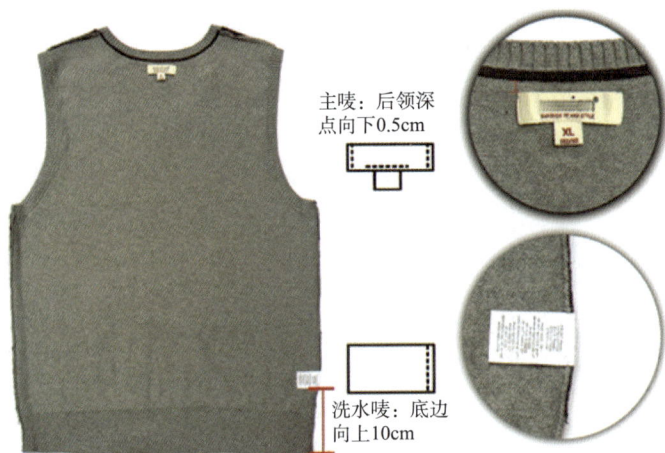

图3-27　V领无袖背心主唛、洗水唛位置

（10）剪线。将背心内外线头清剪干净。

（11）熨烫。背心的熨烫需要使有定型板。将背心套入定型板，按对位记号整理平服，确保无皱褶后加蒸汽烫平，熨烫时熨斗轻触面料即可，不可用力压。

（12）质检。检验过程与方法按本节V领无袖背心质量要求进行。

（13）包装。按生产工艺单的包装说明及客户要求进行，可参考图3-28。

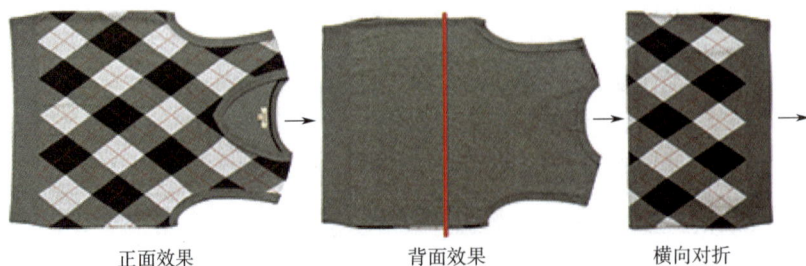

正面效果　　　　　背面效果　　　　　横向对折

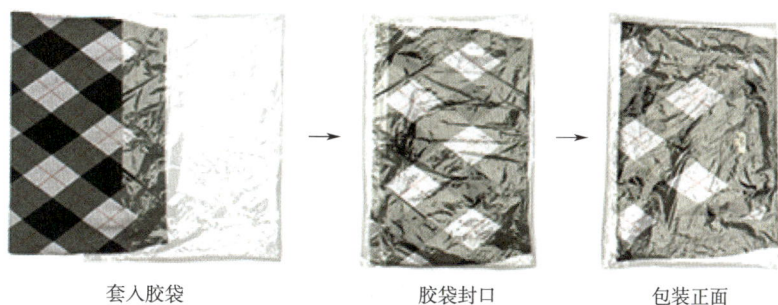

套入胶袋　　　　　　　　　胶袋封口　　　　　　　　　包装正面

图3-28　V领无袖背心包装步骤

第五节　女式圆领短袖T恤缝制工艺

一、女式圆领短袖T恤款式概述

圆领（领口有2×2罗纹圆筒贴边），短袖修身T恤，款式如图3-29所示。

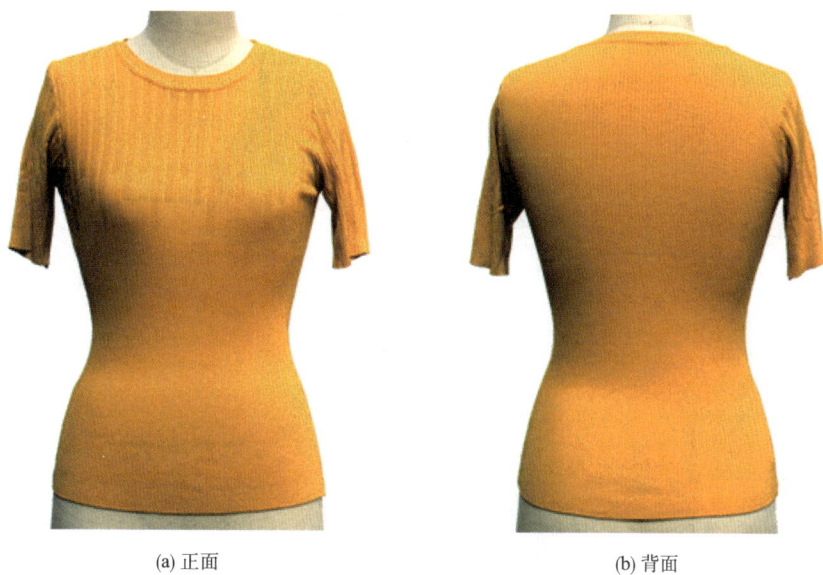

(a) 正面　　　　　　　　　　　　　　　(b) 背面

图3-29　女式圆领短袖T恤

二、女式圆领短袖T恤成品规格（表3-5）

表3-5　女式圆领短袖T恤成品规格（150/80A）　　　　　　　　单位：cm

部位	衣长	胸围	肩宽	领宽	前领深	袖长
尺寸	52	64	34	16	6	22

三、女式圆领短袖T恤部件、数量及特征

前片1片，后片1片，左袖片1片，右袖片1片，2×2罗纹圆筒贴边1片，膊头绳（即棉绳或透明带，用来稳定尺寸）2条。部件示意图及特征如表3-6所示。

表3-6 女式圆领短袖部件特征及说明

部件示意图	实物效果	特征及说明
		前领较深，有间花；前袖窿弧形较大，收针处有夹花。上盘后领口要裁剪
		后领较浅，领位及肩位（也称膊位）有对位挑孔；后袖窿弧形较小
		前袖山弧形比后袖山弧形大。注意，一般情况下，毛织服装不分左右袖
		圆筒（即元全）缝位处有疏眼，便于对眼上盘

四、女式圆领短袖T恤质量要求

（1）成品尺寸要符合规格。

（2）罗纹圆筒贴边圆顺平服，对孔整齐、无漏针、无错行。

（3）肩位左右对称。

（4）左右袖长度一致，袖窿圆顺对称。

（5）修口到位，内外无线头外露，缝线无跳针或浮线现象。

（6）缝份刮边均匀。

（7）整烫平服，无反光、烫黄、污迹。

五、女式圆领短袖T恤缝制工艺流程

检查衣片→袖片顶部锁眼（缝盘机）→合右肩缝（缝盘机）→锁边（右肩缝、左肩缝，用包缝机）→装领口罗纹圆筒贴边（缝盘机）→合左肩缝（缝盘机）→缩袖（缝盘机）→合缝袖底缝（缝盘机或埋夹机）→挑撞→洗水→车唛→剪线→熨烫→质检→包装

六、女式圆领短袖T恤缝制工艺详解

（1）检查衣片。检查衣片种类、规格及数量是否正确，色差是否符合要求，织片有无破洞等。

（2）袖片顶部锁眼（缝盘机）。将袖片顶进行锁眼。缝线张力适中，要有弹性，不可起耳仔。锁眼后拆除间纱，如图3-30所示。

（3）合右肩缝（缝盘机）。合肩缝（即合膊、对膊）。要求膊头绳必须落在后片，挑孔下两行对位上盘，前5针与后5针要对位。具体工艺可参考第四节。

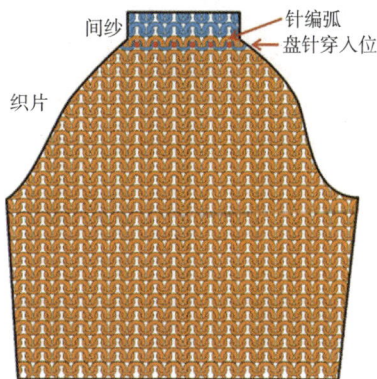

图3-30　女式圆领短袖T恤袖片顶锁眼示意图

👉 **问题：为什么不把左、右肩位合缝安排在同一工序中？**

本款T恤领口要缩罗纹圆筒贴边，而且不开襟，按工艺逻辑顺序，缩罗纹圆筒贴边前不能将左、右肩缝都缝合，否则无法用缝盘机缝制罗纹圆筒贴边，因此要先缝合其中一边肩缝（本款先缝合右肩缝），待缩完罗纹圆筒贴边后，再缝合另一边肩缝（左肩），最后挑撞圆领接口。

（4）锁边（右肩缝、左肩缝，包缝机）。

①右肩缝：用包缝机将合缝的右肩缝份进行锁边（因为是两层衣片一起包缝，行业内将此工序称为双及骨），锁边同时将多余缝份切除，注意包缝线迹不能超过肩位缝盘线迹。

②左肩缝：将前后片的肩位缝份分别进行锁边（行业内将此工序称为单及骨），如图3-31所示。

（5）缩领口罗纹圆筒贴边（缝盘机）。

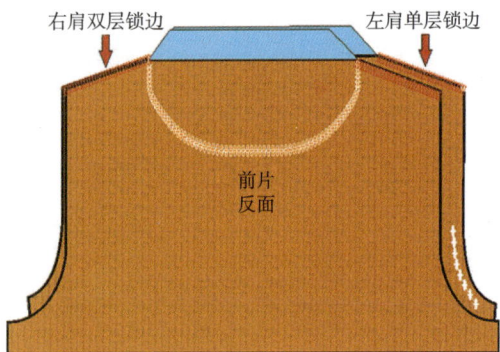

图3-31 肩位锁边（右肩缝、左肩缝）

罗纹圆筒贴边是毛织服装缝合工艺中最典型的对眼缝合。圆筒处一般有疏眼，便于对眼上盘，如图3-32所示。注意，3G、5G织片一般不放疏眼，7G织片疏眼放小，12G织片如果衫片与下栏不同色，疏眼也不会太疏，以免蒙眼后露底色。上盘顺序：先把领贴圆筒背面边对眼上盘，套好后，把织片的相应位置挂到盘针上。由于本款式为非全成形织片（行业称收假领），织片上盘时，前领口对间花，后领口对挑孔，弧位要圆顺，不拉不缩，上盘后把多余部位修剪，仅保留缝份（缝份的大小根据圆筒的深度确定），最后把领贴圆筒正面边对眼上盘，如图3-33所示。包合缝份后缝合。为了便于挑撞，第一针与最后一针不缝。

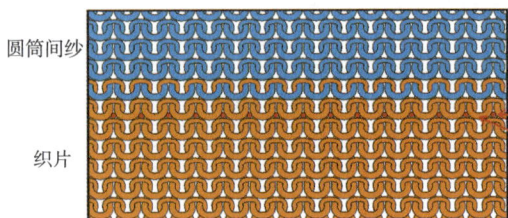

图3-32 罗纹圆筒贴边套眼位置

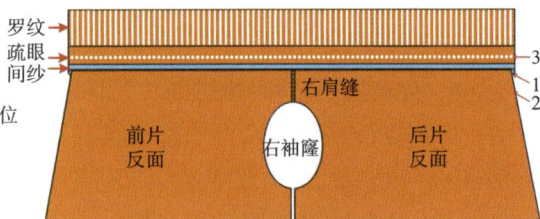

图3-33 罗纹圆筒贴缝合工艺

（6）合左肩缝（缝盘机）。因为左肩缝处已锁边，上盘按顺序与右肩相同，即前片—后片—膊头绳，最后缝合缝位即可。

（7）绱袖（缝盘机）。绱袖是缝合中较重要的一步，要依据工艺单的要求，把衣袖准确地缝到衣片上。首先分别把衣身、袖片刮边上盘（该工艺单要求刮2支边）。肩位缝份走后1~2针，肩点段适当容位，袖窿下段适当拉紧缝合。注意，袖窿及袖片上盘时，一般在袖窿底收针花下半寸（约1.65cm）开始上盘，距离收针花下半寸结束。

（8）合缝袖底缝（也称埋夹，用缝盘机或埋夹机）。合缝袖底缝（即埋夹），是把袖片底边及衣身侧边一次性进行缝合，上盘顺序为先前片，再后片。袖底缝部位（夹位）相对隐蔽，缝合要求比其他部位低，一般不需要对眼缝合。上盘时注意不能搭错位。1+1罗纹织物缝合时，一边刮1支边，另一边刮1.5支边。袖窿下可倒回针缝合2次，如图3-34所示。部分企业在本工序中会用埋

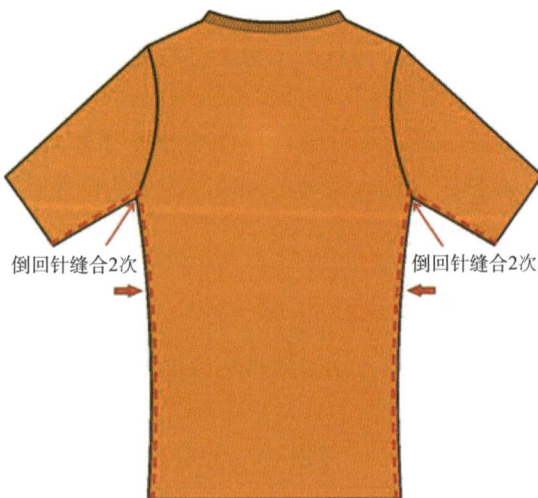

图3-34 女式圆领短袖T恤合缝袖底缝

夹机替代缝盘机。

（9）挑撞（修口）。

①拆间纱：将衣片废纱抽除，注意不要造成衣物产生疵点，如抽纱、起皱、缝线绷紧等。实际生产中，一般会将多件织物间纱进行同时抽拉，以提高工作效率，如图3-35所示。

②拉眼：罗纹圆领贴缝位处的废纱拆除后，在缝合位表面会产生浮线圈（即耳仔），反向稍用力拉伸即可让线圈紧致，拉眼要均匀，拉眼前、后效果如图3-36所示。

图3-35　拆间纱

图3-36　拉眼前与拉眼后效果

图3-37　挑圆领

③挑圆领：圆领口交接位（行业内称为生口）无法用缝盘机缝合，要用手针及缝线将该部位进行缝合封口。要求接位处领高一致，不露挑线及缝口的缝份，平整美观，如图3-37所示。

④加针：针对缝合连接的边缘和薄弱部位进行手工加固（如袖窿底、底边、袖口、肩边、领边等）。

⑤修口（即收线头）：整理编织及缝合时产生的线头。编织线头包括提花起编线头，无用浮线等，如图3-38所示。缝合线头包括缝合时在领口、袖口、底边产生的线头。以上线头均要求用舌针（或织针）收藏妥当，修口挑3针，藏于背面或缝份内侧，多余线头剪除，不能外露于衣物表面，具体操作可参考本章第二节毛织半身裙工艺。

（10）洗水。具体方法参考第五章毛织服装洗水工艺。

（11）车唛。参考本章第四节V领无袖背心缝制与后整进行。

（12）剪线。将背心内外线头清剪干净。

图3-38　修口

（13）熨烫。参考本章第四节进行。

（14）质检。检验过程与方法按本章第五节女式圆领短袖T恤质量要求进行。

（15）包装。按生产工艺单的包装说明及客户要求进行，可参考图3-39。

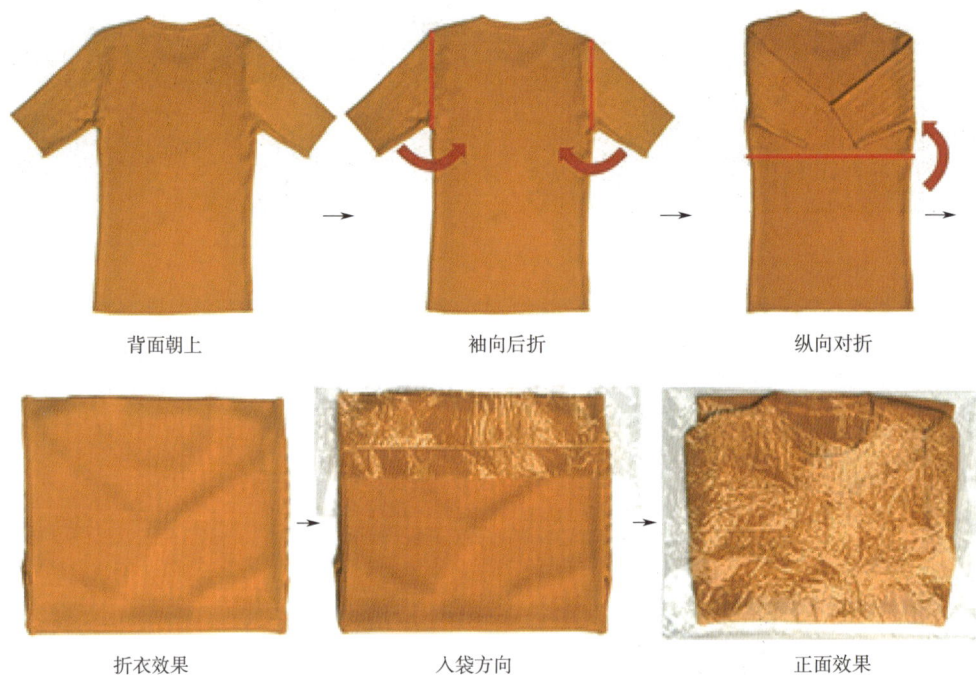

背面朝上　　　　　　　袖向后折　　　　　　　纵向对折

折衣效果　　　　　　　入袋方向　　　　　　　正面效果

图3-39　女式圆领短袖T恤包装步骤

第六节　女式插肩长袖对襟衫缝制工艺

一、女式插肩长袖对襟衫款式概述

衣片上端拼接绞花片（前后片及肩位处不断开），领口缝罗纹圆筒贴边，插肩灯笼袖，前中开襟，门襟装单边罗纹贴边，钉6粒纽扣，前衣身左右各缝一贴袋，如图3-40所示。

(a) 正面   (b) 背面

图3-40　女式插肩长袖对襟衫

二、女式插肩长袖对襟衫成品规格（表3-7）

表3-7　女式插肩长袖对襟衫成品规格（160/84A）　　　　单位：cm

部位	衣长	胸围	摆围	领宽	前领深	袖长
尺寸	57	88	33	19	9	69

三、女式插肩长袖对襟衫部件数

前左衣片1片，前右衣片1片，后衣片1片，绞花片1片，左袖上片1片，左袖中片1片，左袖罗纹1片，右袖上片1片，右袖中片1片，右袖罗纹1片，袋片2片，下栏（领口罗纹圆筒贴边1片，门襟贴边2片），纽扣6粒。

四、女式插肩长袖对襟衫质量要求

（1）成品尺寸要符合规格。

（2）罗纹圆筒贴边圆顺，对孔整齐，无漏针、无错行，领口门襟对齐。

（3）肩部左右对称。

（4）左右袖拼缝位长度一致，袖窿圆顺对称。

（5）贴袋平服，不开口、不起皱。

（6）修口到位，内外无线头外露，缝线无跳针或浮线现象。

（7）缝份刮边均匀。

（8）整烫平服，无反光、烫黄、污迹。

五、女式插肩长袖对襟衫缝制工艺流程

检查衣片→锁边工序（前衣片顶端、袖山顶端、贴袋底边、绞花片两端）→锁眼工序（后衣片顶端）→拼缝袖片→绱贴袋→绱插肩袖→拼缝绞花片→压缝插肩袖与绞花片→绱门襟贴边→合缝袖底缝→缝领口罗纹圆筒贴边→挑撞→洗水→钉扣→开扣眼→车唛→剪线→熨烫→质检→包装

六、女式插肩长袖对襟衫缝制工艺详解

（1）检查衣片。检查衣片及贴边（领口贴边、门襟贴边）种类、规格及数量是否正确，色差是否符合要求，检查织片有无破洞等缺陷，是否区分左右。

（2）锁边工序。锁边工序应用在前衣片顶端、袖山顶端、贴袋底边、绞花片两端。前衣片顶端锁边时将间花切除，袖山顶端要对挑孔锁边，贴袋底边锁边同时将废纱切除，绞花片两端直接包缝即可，缝线张力适中有弹性，锁边到位，不能落空，如图3-41～图3-44所示。

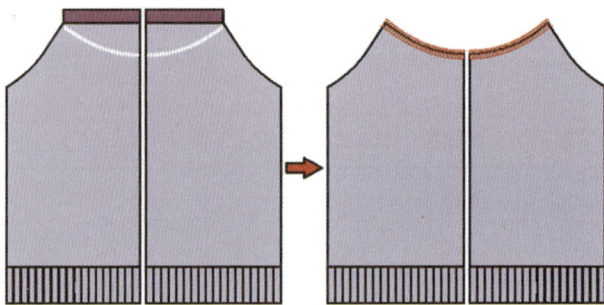

图3-41　前衣片顶端锁边

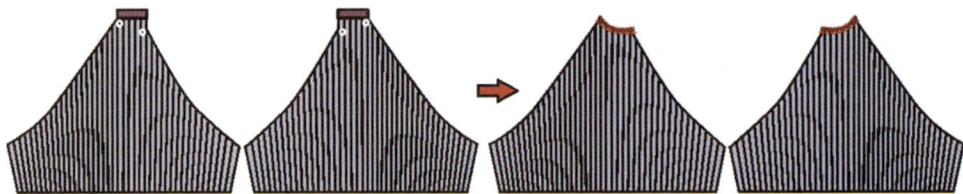

图3-42　袖山顶端锁边

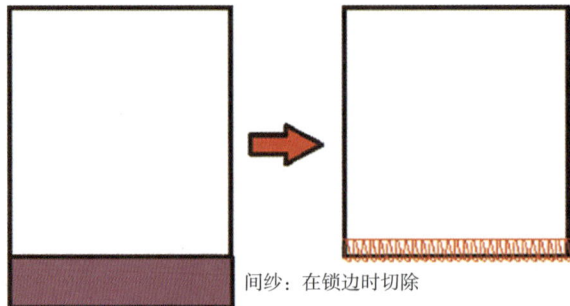

间纱：在锁边时切除

图3-43　贴袋底边锁边

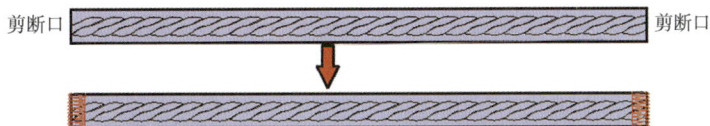

图3-44　绞花片两端锁边

（3）锁眼工序（后衣片顶端）。后衣片顶端锁眼（穿上眼），不能漏针，如图3-45所示。

（4）拼缝袖片。袖片拼接缝位有四处（如图3-46①②③④处所示），其中对眼上盘部位有四边（如图3-46所标←处），因为该袖为灯笼袖款式，织片拼接缝位缝份不等长，因此，上盘时要注意打对位记号，以辅助均匀上盘。

（5）绱贴袋。绱贴袋前要根据对位实样，先画贴袋对位记号，缝合后袋边顺直，贴袋要平整服帖，不开口，如图3-47、图3-48所示。

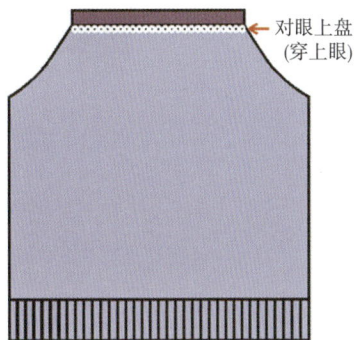

图3-45　后衣片顶端锁眼

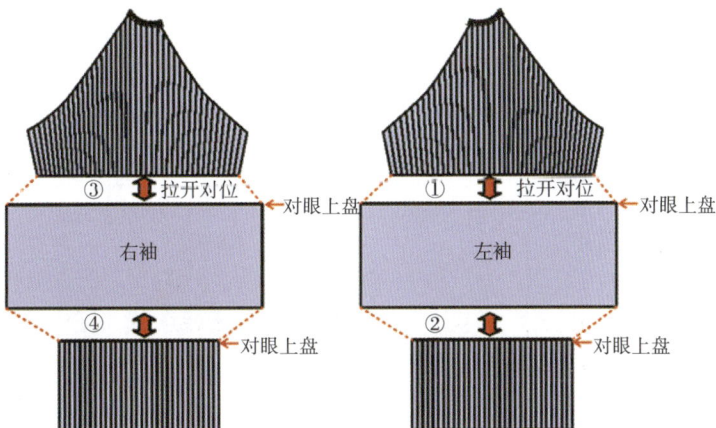

图3-46　拼缝袖片

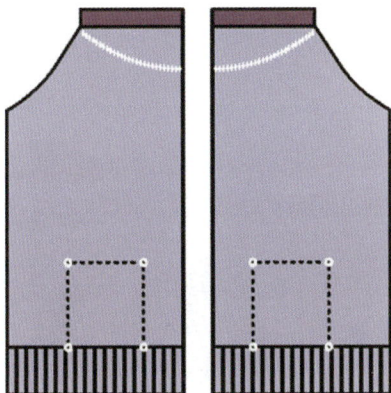

图3-47　贴袋示意图

图3-48　贴袋实物图

（6）绱插肩袖。插肩袖片缝位有四处，如图3-49中①②③④处所示，在袖窿底部收针花下半英寸（约1.27cm）处开始上盘，第一个袖窿底部收针要对位，衣片最后留0.5cm不缝合，作为拼缝绞花片的缝份。

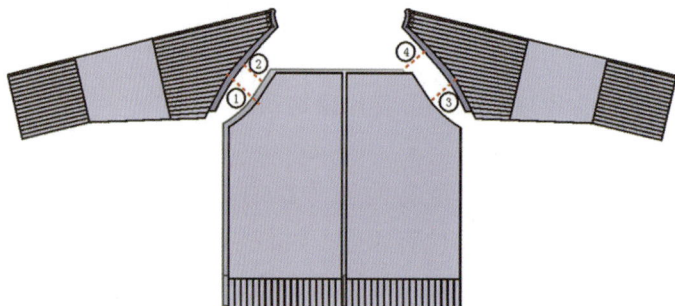

图3-49　绱插肩袖

（7）拼缝绞花片。拼缝绞花片示意图与实物图如图3-50、图3-51所示。

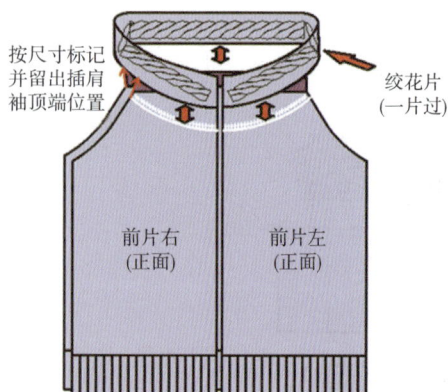

图3-50　拼缝绞花片示意图

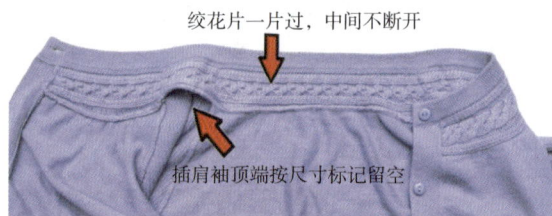

图3-51　拼缝绞花片实物图

（8）压缝插肩袖与绞花片。压缝插肩袖与绞花片示意图与实物图如图3-52、图3-53所示。

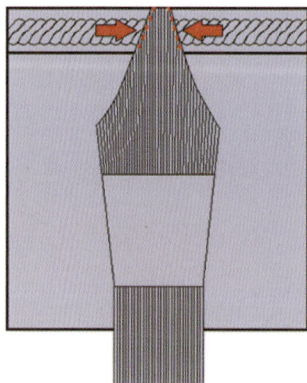

图3-52　压缝插肩袖与绞花片示意图

图3-53　压缝插肩袖与绞花片实物图

（9）绲门襟贴边。门襟为单边罗纹贴边，直接与门襟缝合即可，刮2支边（即缝份为两列纵行线圈），中间注意对位。

（10）合缝袖底缝。用缝盘机合缝袖底缝（即埋夹）。合缝袖底缝时，要求相比其他部位要低一些，通常无需对目缝合，因此，部分产品对工艺要求较低时，企业为了提高生产效率，会改用埋夹机合缝袖底缝。合缝袖底缝时，上盘时不拉不缩，用力均匀，刮2支边。缝合时不能搭错位，袖窿底部十字位倒回针缝合两次，以作加固。合缝袖底缝，如图3-54所示。

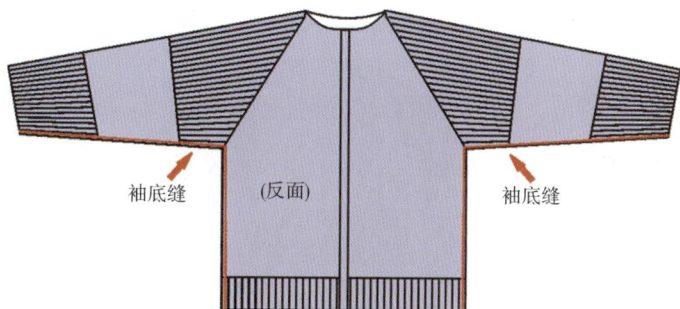

图3-54　合缝袖底缝

本款式是对襟衫，缝合时，在两边的肩位、袖窿底部、侧缝底部嵌缝洗水带。洗水带在服装洗水过程起到稳定尺寸的作用，如图3-55所示。

（11）绲领口罗纹圆筒贴边。具体如图3-56所示。

图3-55　嵌缝洗水带

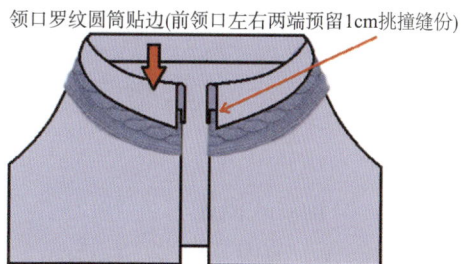

领口罗纹圆筒贴边(前领口左右两端预留1cm挑撞缝份)

图3-56　领口贴边

（12）挑撞。具体方法参考本章第五节中挑撞工序的要求。

（13）洗水。具体方法参考第五章毛织服装洗水工艺。

（14）钉扣。钉扣前要根据对位实样作好扣位记号。

（15）开扣眼。本款式没有编织扣眼，需要用扣眼机开扣眼。开扣眼前要根据对位实样作好对位记号。

（16）车唛。参考第三章第四节V领无袖背心缝制与后整进行。

（17）剪线。将织物内外线头清剪干净。

（18）熨烫。参考第三章第四节进行。

（19）质检。检验过程与方法按本节女式插肩长袖对襟衫质量要求进行。

（20）包装。按生产工艺单的包装说明及客户要求进行，可参考图3-57。

背面朝上	下硬纸板	收折袖子
两边对折	折衣效果	正面效果

图3-57 女式插肩长袖对襟衫包装步骤

第七节 男式T恤缝制工艺

一、男式T恤款式概述

罗纹圆筒领，前中开门襟（深15cm），门襟开3个扣眼，里襟钉3粒纽扣，长袖，衣身袖口及底边用罗纹，如图3-58所示。

(a) 正面　　　　　　　　　　　　(b) 背面

图3-58　男式T恤

二、男式T恤成品规格（表3-8）

表3-8　男式T恤成品规格（175/92A）　　　　　　　　单位：cm

部位	衣长	胸围	肩宽	领宽	前领深	袖长
尺寸	65	96	42	18	10	58

三、男式T恤部件数量

前衣片1片，后衣片1片，左袖片1片，右袖片1片，罗纹圆筒领1片，门襟1片，里襟1片，膊头绳2条、纽扣3粒。

四、男式T恤质量要求

（1）成品尺寸要符合规格。

（2）领左右对称，平顺，

（3）门里襟不开口、不起拱，对眼整齐，无漏针，无错行。

（4）纽扣与扣眼对位准确。

（5）肩位左右对称。

（6）左右袖长度一致，袖窿位圆顺对称。

（7）修口到位，内外无线头外露，缝线无跳针或浮线现象。

（8）缝份刮边均匀。

（9）整烫平服，无反光、烫黄、污迹。

五、男式T恤缝制工艺流程

检查衣片→袖窿顶部锁眼（缝盘机）→缝制门里襟→合缝肩缝（缝盘机）→锁边（左右肩缝，用包缝机）→绱领（缝盘机）→绱袖（缝盘机）→合缝袖底缝（缝盘机）→挑撞→洗水→钉扣→开扣眼→车唛→剪线→熨烫→质检→包装

六、男式T恤缝制工艺详解

（1）检查衣片。检查衣片及下栏（罗纹圆筒领、门襟、里襟、纽扣）种类、规格及数量是否正确，色差是否符合要求，检查织片有无破洞等缺陷，衣片是否区分左右。

（2）袖窿顶部锁眼（缝盘机）。将袖窿顶部进行锁眼（套眼穿上眼）。上盘时，织片正面朝针织中心，缝针必须一对一从线圈针编弧中间穿过。缝线张力适中，要有弹性，不可起耳仔。

（3）缝制门里襟。缝制门里襟分成四个小工序：

①剪开襟位：先用无痕笔画出要剪开的线条，再用小剪刀将开襟位置剪开，襟底要剪三角，每边剪2支边，如图3-59所示。

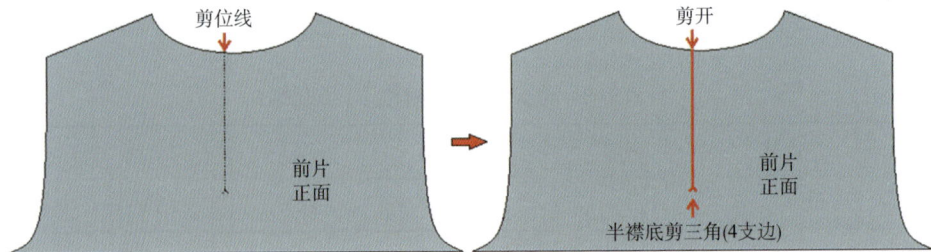

图3-59　开半襟剪位示意图

②缝制里襟：里襟为罗纹圆筒贴，如图3-60所示。具体缝合操作工艺参考本章第五节罗纹圆筒贴上盘顺序。

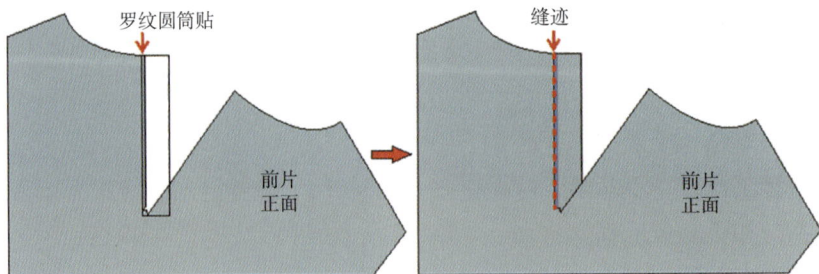

图3-60　里襟缝制示意图

③缝制门襟：门襟为单边贴，贴对眼先上盘，再将门襟缝份上盘，然后将单边贴向后包

折（包住缝份），最后一次缝合，如图3-61所示。

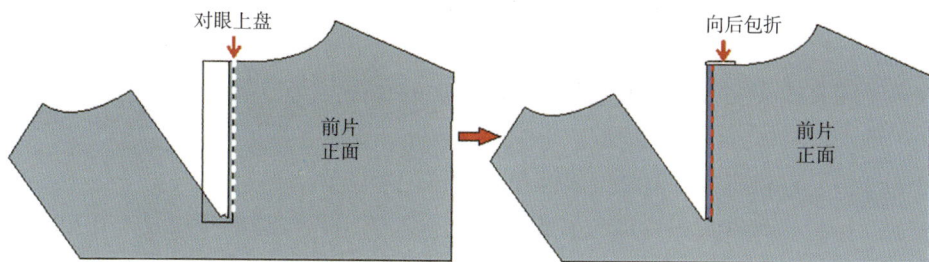

图3-61　门襟缝制示意图

④缝合襟底。襟底缝合示意图如图3-62所示。

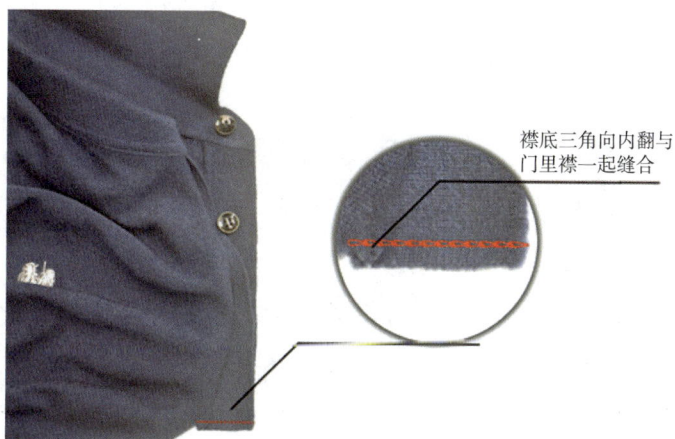

图3-62　襟底缝合示意图

（4）合缝肩缝（缝盘机）。本款男式T恤为开半襟，所以，左、右肩缝可以在同一工序中合缝。脶头绳必须落在后片，挑孔下两行对位上盘，前5针与后5针要对位。上盘顺序如下：前片—后片—脶头绳，先将前片反面朝向缝盘中心上盘，再将后片正面朝向缝盘中心上盘，接着将脶头绳上盘，最后一起缝合。

（5）锁边（左右肩缝，用包缝机）。用包缝机在左、右肩缝份处进行锁边（因为是两层衣片一起锁边，行业内将此工序称为双及骨），锁边同时将多余缝份切除，注意锁边线迹不能超过肩位缝盘线迹。

（6）绱领（缝盘机）。可参考本章第五节罗纹圆筒贴上盘工艺。

（7）绱袖（缝盘机）。可参考本章第五节的绱袖工序。

（8）合缝袖底缝（缝盘机）。合缝袖底缝（即埋夹）是把袖底缝及衣身侧缝一次进行缝合。

（9）挑撞。本款男装T恤挑撞工序包括：

①拆间纱（废纱）。

②拉眼。

③加针。在缝合连接的边缘和薄弱部位进行手缝加固（如襟底三角、底边、袖口、肩部、领口等）。

④修口（即收线头）：整理编织及缝合时产生的线头。

（10）洗水。具体方法参考第五章毛织服装洗水工艺。

（11）钉扣。钉扣前要根据对位实样作好扣位记号。

（12）开扣眼。本款式织片没有编织扣眼孔，需要用开扣眼机开扣眼。开扣眼前要根据对位实样做好对位记号。

（13）车唛。车唛要根据生产工艺单或客户要求，可参考本章第四节V领无袖背心。

（14）剪线。将背心内外线头清剪干净。

（15）熨烫。参考本章第四节进行。

（16）质检。检验过程与方法按本节男式T恤质量要求进行。

（17）包装。按生产工艺单的包装说明及客户要求进行，可参考图3-63。

下硬纸板　　　　　　　　两袖后折　　　　　　　　两侧对折

上下对折　　　　　　　　正面效果　　　　　　　　入袋效果

图3-63　男式T恤包装步骤

第八节　连帽衫缝制工艺

一、连帽衫款式概述

领口处接帽，帽檐为罗纹，内穿活动织带，插肩长袖，如图3-64所示。

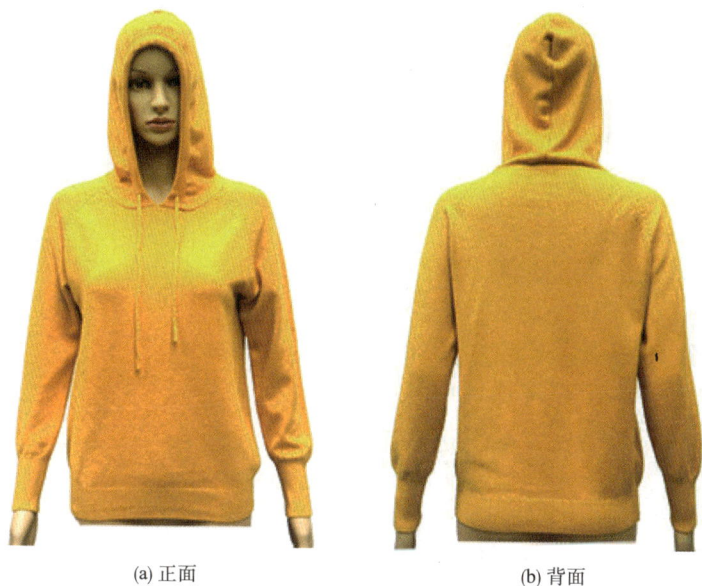

(a) 正面　　　　　　　　　　　(b) 背面

图3-64　连帽衫

二、连帽衫成品规格（表3-9）

表3-9　连帽衫成品规格（160/84A）　　　　　单位：cm

部位	衣长	胸围	领口宽	帽宽	帽深	袖长
尺寸	60	92	22	22	32	60

三、连帽衫部件数量

前衣片1片，后衣片1片，左袖片1片，右袖片1片，帽片1片，膊头绳2条、配色织带1条。

四、连帽衫质量要求

（1）成品尺寸要符合规格。

（2）帽后中缝圆顺，无皱褶；领口平服，无爆口。

（3）肩位左右对称，袖下第一个夹花（即收针位）对位整齐，无漏针，无错行，缝份刮边均匀。

（4）左右袖长度一致，袖窿圆顺对称。

（5）修口到位，内外无线头外露，缝线无跳针或浮线现象。

（6）整烫平服，无反光、烫黄、污迹。

五、连帽衫缝制工艺流程

检查衣片→袖山顶部锁边（包缝机）→绱袖（缝盘机）→帽子后中缝（缝盘机）→帽子后中缝锁边（包缝机）→绱帽（缝盘机）→合缝袖底缝（缝盘机或埋夹机）→穿帽口织带→挑撞→洗水→车唛→剪线→熨烫→质检→包装

六、连帽衫缝制工艺详解

（1）检查衣片。检查衣片种类、规格及数量是否正确，色差是否符合要求，检查织片有无破洞等缺陷。

（2）袖山顶部锁边（包缝机），如图3-65所示。

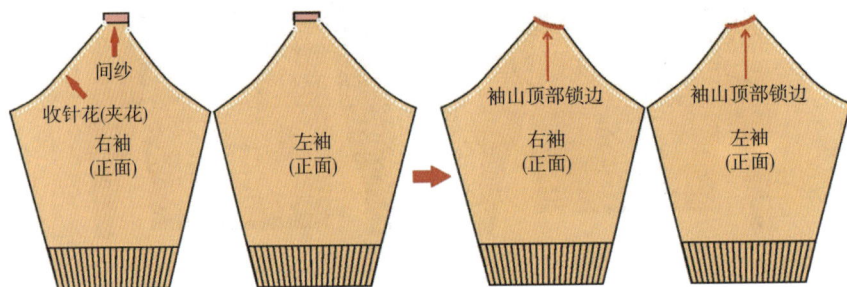

图3-65　袖山顶部锁边

（3）绱袖（缝盘机）。绱袖工艺如图3-66所示。

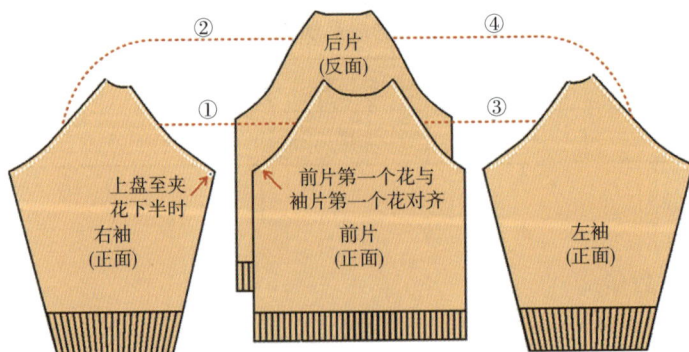

图3-66　绱袖

（4）帽子后中缝（缝盘机），如图3-67所示。

（5）帽子后中缝锁边（包缝机），如图3-68所示。

（6）绱帽（缝盘机）。帽底边周长较长，上盘前要打对位标记，前中要对齐。

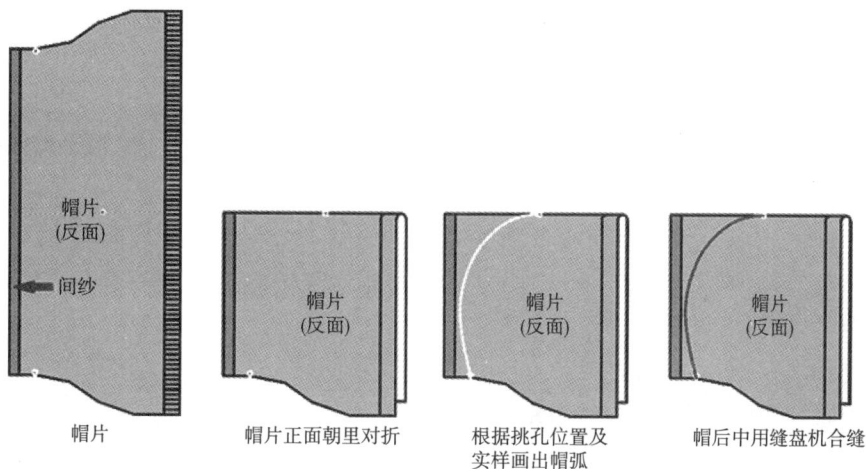

图3-67　帽子后中缝

（7）合缝袖底缝（用缝盘机，企业为了提高生产效率，个别产品会改用埋夹机）。合缝袖底缝（埋夹）时，工艺要求相比其他部位要低一些，通常无需对目缝合。上盘时不拉不缩，用力均匀，刮2支边，缝合时不能搭错位，袖窿底部十字位倒回针缝合两次，以作加固。合缝袖底缝示意图如图3-69所示。

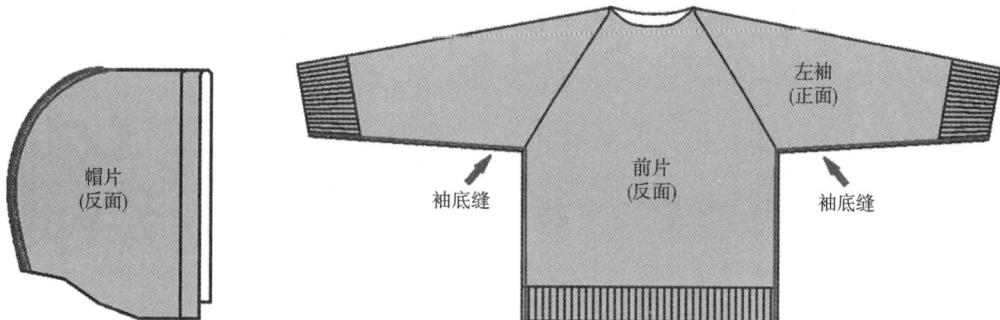

图3-68　帽子后中缝锁边

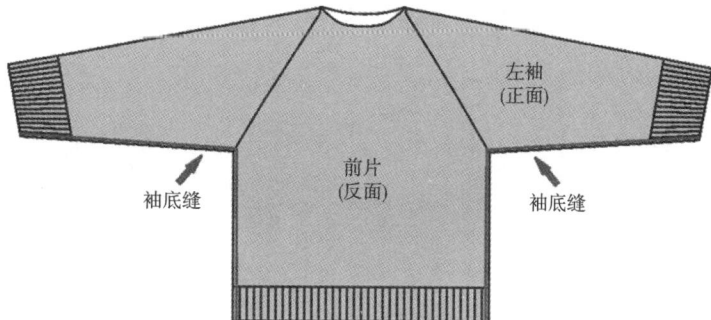

图3-69　合缝袖底缝

（8）穿帽口织带。借助钢丝钩、勾针等工具，将织带从帽檐挑眼处勾出。

（9）挑撞。将领口、袖口、底边线头用舌针（或织针）收藏妥当，修口挑3针，且要藏于背面或缝份内侧，不能外露。

（10）洗水。具体方法参考第五章毛织服装洗水工艺。

（11）车唛。参考本章第四节V领无袖背心缝制与后整进行。

（12）剪线。将内外线头清剪干净。

（13）熨烫。参考本章第四节进行。

（14）质检。检验过程与方法按本章第五节女式圆领短袖T恤质量要求进行。

（15）包装。按生产工艺单的包装说明及客户要求进行，可参考图3-70。

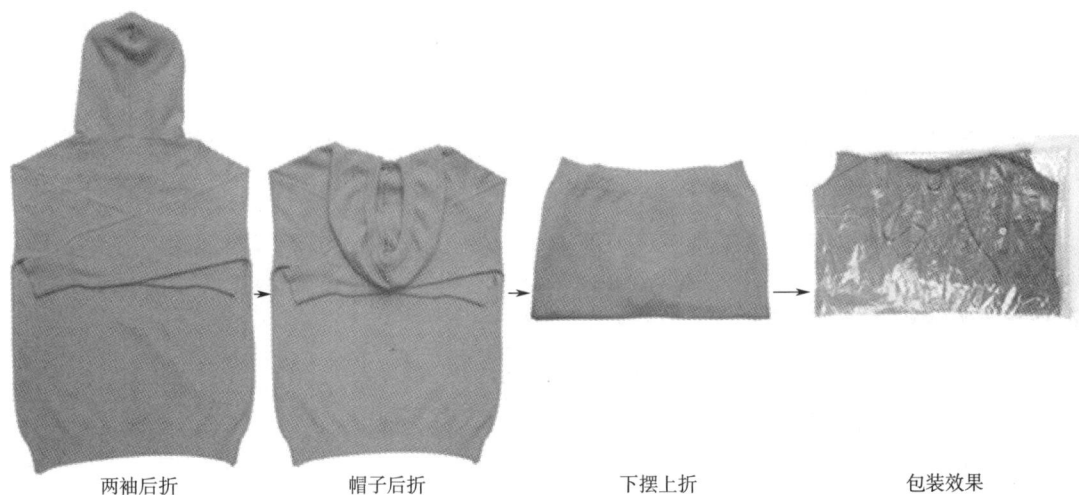

| 两袖后折 | 帽子后折 | 下摆上折 | 包装效果 |

图3-70　连帽衫包装步骤

第九节　连衣裙缝制工艺

一、连衣裙款式概述

罗纹翻领，前中假门襟，领底至腰节钉5粒纽扣，中腰短袖，如图3-71所示。

(a) 正面　　　　　　　(b) 背面

图3-71　连衣裙

二、连衣裙成品规格（表3-10）

表3-10　连衣裙成品规格（均码） 单位：cm

部位	胸围	腰围	裙长	肩宽	袖长
尺寸	80	74	118	33	23

三、连衣裙部件数量

前衣片1片，后衣片1片，左袖片1片，右袖片1片，1cm×1cm罗纹翻领1片，纽扣5粒。

四、连衣裙质量要求

（1）成品尺寸要符合规格。

（2）领左右对称，平顺，对孔整齐，无漏针，无错行。

（3）纽扣位准确。

（4）肩位左右对称。

（5）左右袖长度一致，袖窿圆顺对称。

（6）修口到位，内外无线头外露，缝线无跳针或浮线现象。

（7）缝份刮边均匀。

（8）整烫平服，无反光、烫黄、污迹。

五、连衣裙缝制工艺流程

检查衣片→袖山顶部锁眼（缝盘机）→合缝肩缝（左、右肩缝，用缝盘机）→锁边（左、右肩缝，包缝机）→绱罗纹翻领（缝盘机）→绱袖（缝盘机）→合缝袖底缝（缝盘机或埋夹机）→挑撞→洗水→钉扣→车唛→剪线→熨烫→质检→包装

六、连衣裙缝制工艺详解

连衣裙缝制的15个工艺流程均在本章中有详细表述，此次不作工艺详解，具体工艺可参考本章中的相关工艺进行。

毛织服装织补及挑撞工艺

课程名称： 毛织服装织补及挑撞工艺

课题内容： 织补工艺

  手缝工艺

  挑撞工艺

课题时间： 8课时

教学目的： 通过本项学习，使学生掌握毛织服装织补、手缝及挑撞工艺。

教学方式： 任务驱动，工学结合，用企业岗位标准作为评价标准。

教学要求： 1. 学会分析针织物的组织结构。

  2. 掌握三种情况下毛织服装织补工艺。

  3. 掌握常用手缝线迹及手动开扣眼的方法。

  4. 掌握挑撞的基本方法及要求。

第四章　毛织服装织补及挑撞工艺

第一节　织补工艺

织补即用编织原纱及针具把织片或衣物的破洞及脱散线圈进行修复。一般来说，成本较高的毛织服装（如羊绒衫），不会因为小的破洞、烂边而轻易被丢弃，这种情况就需要利用织补工艺进行修复，为了保证织补效果，织补工艺中很重要的一点就是用原织片所用的纱线进行织补修复。

一、常用织补工具

织补工具包括舌针、手针、绣圈等，舌针与手针有大小不同规格，具体要根据毛织服装纱线粗细选用，如图4-1～图4-4所示。

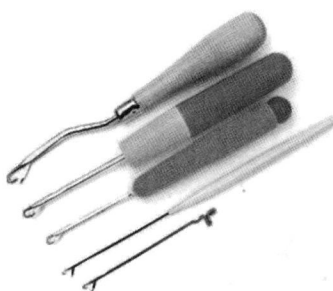

图4-1　舌针

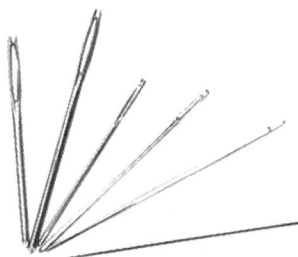

图4-2　手针

图4-3　毛线

图4-4　绣圈

二、织物组织结构分析

分析织物组织结构即了解织物组织的编织规律。一般毛织服装是纬编织物，衣片沿纬向（横向）编织。下面以平针织物为例，学习分析织物组织的方法。首先用绣圈把织片撑开，在织片中间找一根纱线，剪断一针，慢慢拆开织物纱线，边拆边看线圈编织的规律，观察织物组织规律的顺序为先横后竖，如图4-5所示。

图4-5　织物组织分析

三、织补步骤（以平针织物为例）

1. 固定破洞

用绣圈把破洞处撑开，固定，注意张力适中，不可过大，以免损坏织物。

2. 织补方法

织补方法可按脱开线圈的不同，可分为以下三种情况。

（1）脱开一行线圈。可以用接缝方法接套缝合，织补比较容易。先用两根细棒针或手缝针分别穿入上行线圈的沉降弧及下行线圈的针编弧中，起固定作用；再找出断线线头，用原配色纱连接；最后用无缝缝合（手针上下交替穿入）的方法织补，线头要挑藏在织片背面。具体操作如图4-6所示。

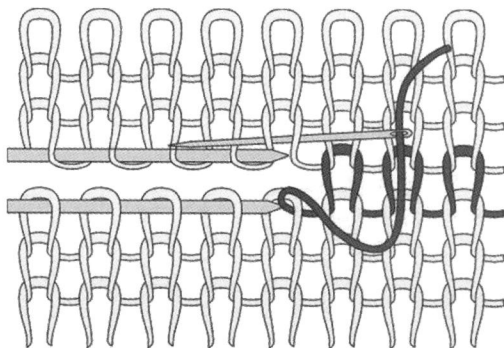

图4-6　脱开一行线圈的织补方法

（2）脱开一列线圈。找出断线的线圈，先用配色纱线连接好，再用舌针自下而上逐个编织，如图4-7所示。线头要挑藏在织片背面。

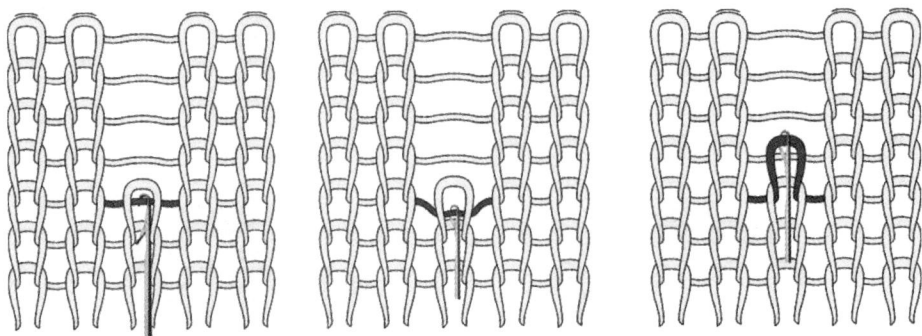

图4-7 脱开一列线圈的织补方法

（3）破洞较大。如果破洞比较大，先用细线作经向定位线，如图4-8所示。然后用同色纱线织补，拉线时力道要均匀，这样织补才会平整。补完后可以把经向定位线拆掉，这样并不会影响织补的效果，因为所有的线圈已经都互相套在一起，不会脱线，如图4-9所示。每行线圈两端的连接线头要挑藏于织物背面。

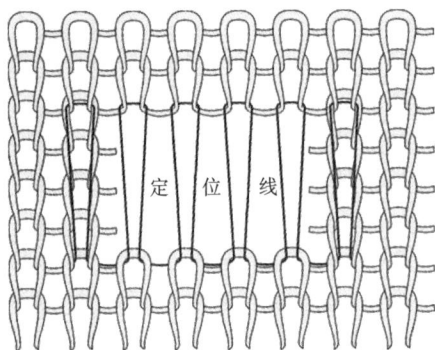

图4-8 经向定位线

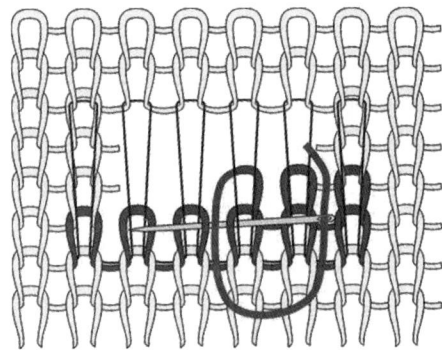

图4-9 破洞织补

第二节 手缝工艺

手缝即手工缝制。部分毛织服装缝制工艺会采用手工缝合，毛织服装的手工缝合可以进行机器无法做到或难以做到的工序，如挑罗纹领口（即缲罗纹或绕罗纹），上花式领，钉花式纽扣，拼接衣片的"开缝"等，经这些工序处理后，要与织物浑然一体，保持织物原状且不留下修补的痕迹。

一、常用手缝线迹种类

毛织手缝的最大特点是针迹变化大，缝迹机动性大，缝合过程工艺性强，如缝制衣身、衣袖的"回针"，拼肩缝的"切针"，对线圈缝合的"对针"和收口等。常用手缝线迹有以下几种。

1. 回针

回针指为四针回二针的回针线迹，常常用于单面平针、三平、四平等织物的衣身、袖底合缝。畦编组织可用二针回一针的线迹缝合。针迹需在沉降弧上，即两行线圈之间的圈弧中。两层单面布料缝合时，线圈正面（圈柱面）相贴近，反面向外，如图4-10所示。

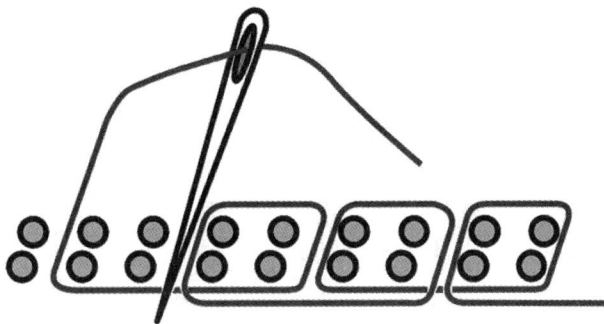

图4-10 回针线迹

2. 切针

切针被连接的两片织物线圈纹路不同，如缝挂肩、绱领等。一般以一个纵向针圈对两个横向线圈，第2个针圈则对第2、3线圈，依次穿串缝合，如图4-11所示。

3. 对针

对针是将两层织物的线圈重叠（即针圈对针圈、线圈对线圈）缝合在一起，常用于男式毛织服装的绱袋等工序。缝制时必须注意手势，缝合线迹应与织物线圈松度相似，如图4-12所示。

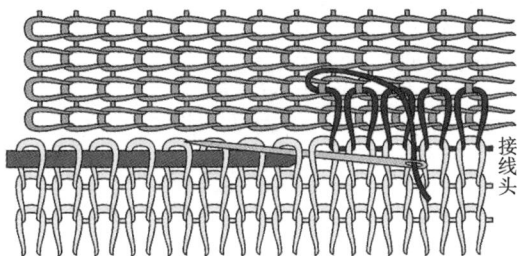

图4-11 切针线迹

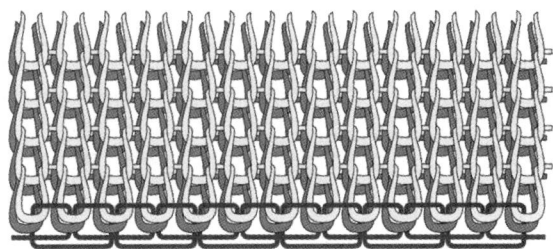

图4-12 对针线迹

4. 接缝

接缝又称接杠，即采用手缝方式将两块织物接在一起，要求与正常编织线圈完全一样，不显修痕，接缝工艺常用于毛织服装衣领、肩部及"开缝"衣片的拼接，也可以构成花式组织结构，故又称接套缝合。平针正面与正面接缝，如图4-13所示。平针正面与反面接缝，如图4-14所示。平针正面与罗纹接缝，如图4-15所示。

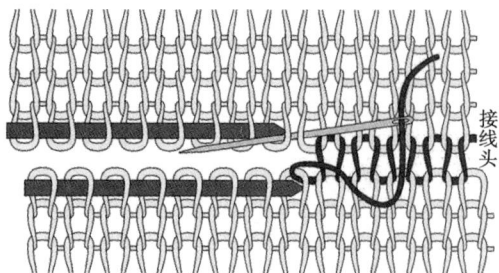

图4-13 平针正面与正面接缝

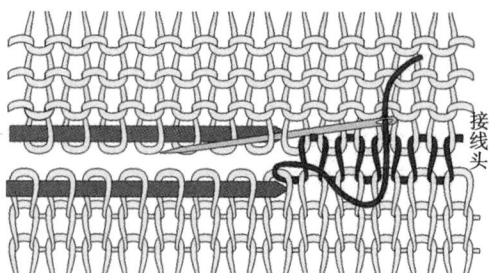

图4-14 平针正面与反面接缝

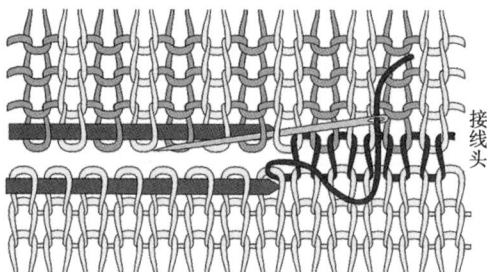

图4-15 平针正面与罗纹接缝

5. 缭缝

移圈收针关边或钩针锁边的衣片缝合可采用缭缝，折底边也可采用缭缝。双层折边的缭缝，如图4-16所示。图4-17为罗纹缭缝，又称缭罗纹。

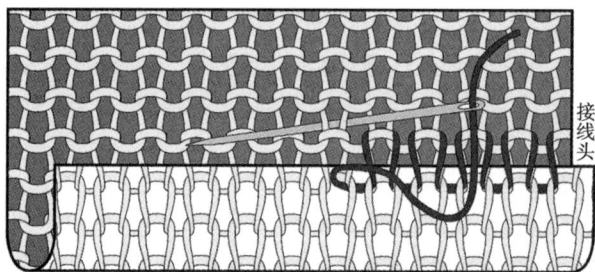

图4-16 双层折边的缭缝

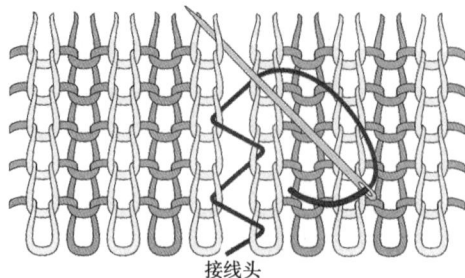

图4-17 罗纹缭缝

二、开纽眼

开纽眼包括剪眼、添线、缝眼三个步骤，相关操作如图4-18 ~ 图4-20所示。

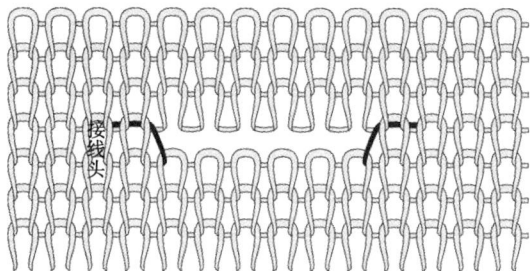

图4-18 剪眼

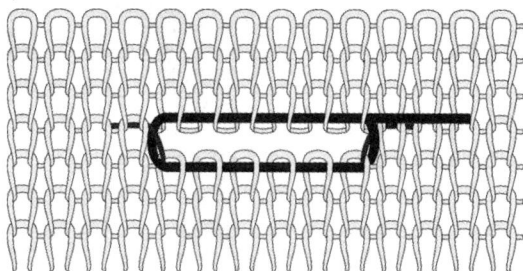

图4-19 添线

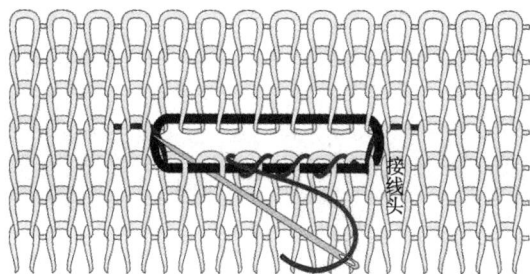

图4-20 缝眼

第三节 挑撞工艺

一、挑撞的方法

毛织服装织片上的间纱（又称落布、废纱）需要手工拆除。个别机器缝合不到的部位需要手工缝合，如圆领接口、V领接口、开衫门襟的收口、口袋及其他各种收口的位置等；部分织片会有多余的线头（如织片中更换纱线颜色处的接线头）或缝线显露出来，需用手针、钩针等针具挑到织片内部隐藏起来；这些工序统称挑撞。挑撞工序包括拆、挑、撞、收等细分工序。

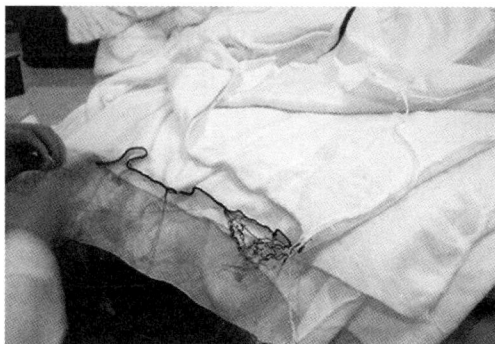

图4-21 拆废纱

（1）拆（即拆废纱）。即将毛织服装上多余的间纱拆除，如图4-21所示。领幅边缘、圆筒贴或包边部位的间纱拆除后，还要进行手工拉眼，以消除缝合处的浮线圈，如图4-22、图4-23所示。

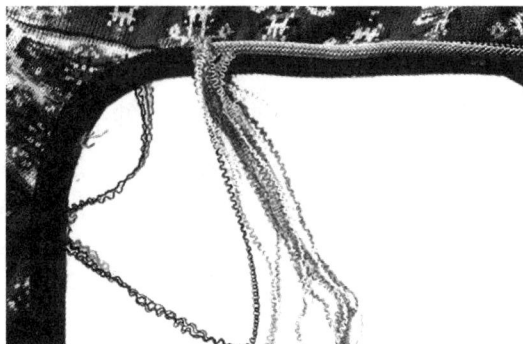

图4-22 领贴处废纱

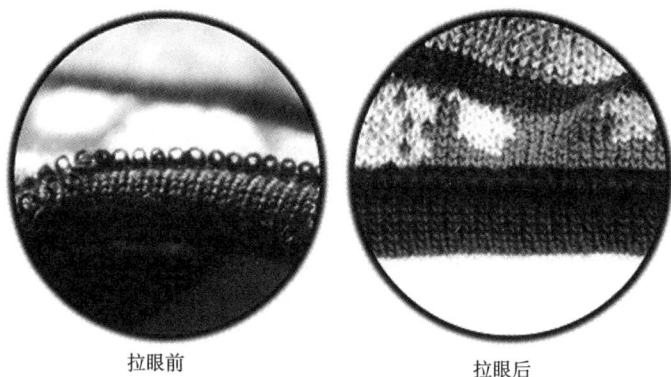

拉眼前　　　　　　　　　　　　拉眼后

图4-23 领位拉眼

（2）挑。机器不能缝合的接口位，用编织原纱及针具完善并缝合。挑的线迹相对较为紧密且缝合部位缝份不外露。挑圆领口只需接口位两边用纱线缝合，不能露出挑线及缝口的骨位；挑杏形领领嘴，要将领贴面V形缝起，左右对称且不露挑线，缝口完整，领嘴标准。挑门襟，用纱线将直贴线圈全部穿起成合适的宽度，以不散脱、不开口为标准。挑袋口横贴，用缝线将线圈逐个挑于衣身上，高度以贴宽为标准。具体针法可参考本章第二节手缝工艺。

（3）撞。即根据编织的基本结构，用编织原纱及针具把衣片无法用缝盘机缝合的某些部分缝合，让缝合部位成为衣片的一部分。例如，开胸直贴脚，以编织方法逐个线圈织起而成锁口方法；撞拨花领，以编织方法将线圈逐个织起，将织花领片缝于前衣身上。具体针法可参考本章第二节手缝工艺。

（4）收。即修口、收口、收线头，用针具整理编织及缝合时产生的线头，织片在编织起头及换线时一般也会产生线头，成衣时应将线头沿横列或纵行穿缝进织物中，但注意穿缝时不要使线头露于织物正面，可使用缝针或小型舌针钩圈器穿缝，一般挑2～3针。

二、挑撞基本要求

（1）挑V领。从面针第一行开始起针，两边要对称，挑高度要根据领高而定。

（2）挑门襟。将贴边裁剪至与衣底边平行，不可长短不一，否则不美观。

（3）挑卷边领。根据缝盘反缝咀程度，再反卷缝份，搭在缝份上，挑针固定支针，以免缝份裂开不美观。

（4）挑口袋。要根据衣身与下栏组织而定挑的程度，如袋贴是直纹贴，挑口要与贴高度相同；如是坑条或三平等其他组织，挑时留成挑袋后要与衣身大同小异，不可相差太远。

三、挑撞常见疵点

（1）收线。线头修理不净，线头太长、太短，或没有反底收线，收线太松或太紧。

（2）蒙眼。缝盘下栏横行未拉，或拉眼不均。

（3）挑圆领。起针时两边缝线要对齐，线拉力不可太松或太紧，要与领高度平衡。

（4）挑错针数。

（5）V领不对称。

（6）拆纱不良而导致纱线绷紧。

（7）拆纱后没有拉眼。

（8）收漏线头。

毛织服装后整工艺及分析

课程名称： 毛织服装后整工艺及分析

课题内容： 普通洗水工艺

缩绒工艺

拉毛工艺

特种后整工艺

整烫工艺

课题时间： 8课时

教学目的： 通过本项学习，使学生了解毛织服装后整工艺，学会分析后整工艺的原理，能根据实际生产情况，合理调整工艺参数。

教学方式： 课堂讲授与企业跟岗位学习相结合，注重实验、实操。

教学要求： 1. 了解普通洗水工艺及参数要求。

2. 掌握毛织服装普通洗水工艺流程。

3. 能分析普通洗水工艺中时间、温度与洗涤剂的相互联系。

4. 了解缩绒机理的内因与外因。

5. 掌握缩绒工艺及各项参数要求。

6. 了解拉毛工艺的方法。

7. 了解各类特种后整工艺的机理及影响因素。

8. 掌握毛织服装整烫的目的及机理。

9. 掌握定型板设计与制作方法。

第五章　毛织服装后整工艺及分析

随着人们对服装的质感、触感、艺术感、板型及耐穿性等统合性要求的不断提高，毛织服装品种越来越趋向于时装化和多样化，因此除了优化毛织服装工艺设计外，还必须加强和提高后整理工艺，以能适应新原料的应用，满足消费者的穿着要求。目前常见的后整工艺包括普通洗水、缩绒工艺、拉毛工艺、特种整理（如防起球、防缩、抗污、抗菌、浮雕印花）、蒸烫定型等。

毛织服装的洗水后整工艺与普通的梭织、针织服装不同，毛衫的洗水温度相对较低，机械外力相对较轻柔。毛衫手感主要通过洗水工序控制，根据要求，洗水过程中可添加不同的试剂或混合使用试剂，例如：

（1）添加洗涤剂，可以去除毛织服装上的污渍、油渍及锈渍等。

（2）添加柔软剂，可以调整毛织服装的软硬程度，改善衣物的手感、体感。

（3）添加缩绒剂，可以让毛织服装表面立起细小绒毛，增强手感效果。

后整洗水工艺师要有研究的精神，要有发现问题、分析问题、解决问题的能力。例如，个别毛织服装在后整过程中容易变形，比如底边尺寸增大，胸围变宽，袖长变长，遇到问题要考虑毛织服装究竟在哪一个环节变形的。是在缩绒时、脱水时还是在烘干时？处理前是否要进行固定？为什么要这样做？等等。再比如马海毛，粗纺纱坯布等密度都较低，比较松，烘干翻腾的时候容易变形，改用晾干工艺就可解决问题。作为企业洗缩车间工艺员也要了解洗水工艺的原理，有自己的见解，积极主动沟通，会使后整工艺问题得到顺利解决。

第一节　普通洗水工艺

一、普通洗水的定义

普通洗水简称普洗，毛织服装生产企业通常用卧式自动洗衣机进行洗水工艺处理，如图5-1所示。水温常为60~90℃，根据衣物的成分及客户要求添加一定的洗涤剂。普通洗水时间通常为15分钟左右，然后过清水加柔软剂，经普洗处理后，织物更柔软、舒适，在视觉上更自然、更干净。根据洗涤时间的长短和洗涤剂用量，又分为轻普洗、普洗、重普洗。通常轻普洗为5min左右，普洗为15min左右，重普洗为30min左右，除此之外没有明显界限。

图5-1 工业用卧式自动洗衣机

二、普通洗水的工艺流程

为了规范洗水工序，保证洗水效果的稳定性，毛织服装洗水前要测试水质的硬度，确保水质硬度在允许范围内。水质硬度表示水中钙、镁、铁、铝、锌等离子的含量，通常以钙、镁离子含量计算，单位有两种：一种用mg/L表示，另一种用度表示，即1度为1升水中含10mg钙离子，0~4度为很软水，4~8度为软水，8~16度为中度硬水，16~30度为硬水。水中钙、镁离子含量过高，在洗水过程中会形成水垢，水质一旦过硬，会使洗涤效果变差，直接影响洗水的去污效果，易使织物发灰、发黄。工业洗水硬度要求在3.6mg/L（即180ppm）。企业常用台式水质硬度测试仪或便携式水质硬度测试笔进行水质硬度测试，如图5-2所示，也可委托专门机构进行检测。

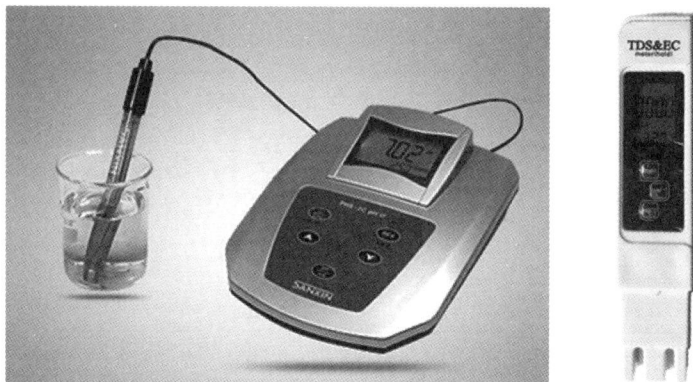

图5-2 台式水质硬度测试仪与便携式水质硬度测试笔

为了保证纺织用品的服用要求以及洗水效果的稳定性，洗水前还要测试水质的pH。pH对动物纤维影响较大，pH过低时，毛织服装缩绒后的手感变差，这是由于过低的pH使纤维盐式键拆离，降低了羊毛纤维强度的缘故；pH过高，不仅造成毛纤维盐式键的断裂，而且会使毛纤维的二硫键断裂，使毛纤维受到损伤，因此动物纤维类衣物的洗水水质的pH通常控制在5~10。另外，根据衣物服用安全标准要求，A类婴幼儿用品、B类直接接触皮肤用品pH在

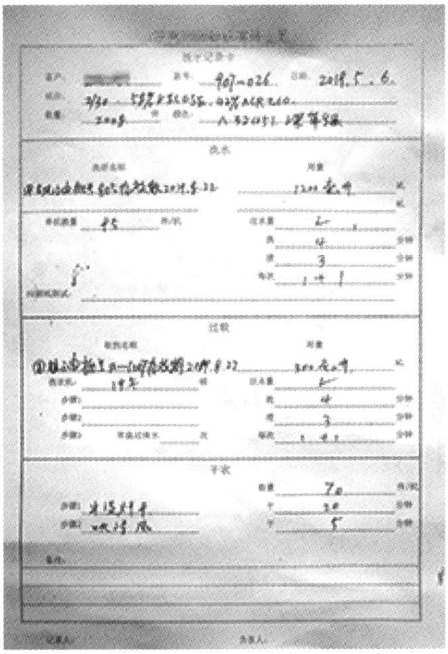

图5-3 洗水记录表

4.0~7.5；C类非直接接触皮肤用品pH在4.0~9.0。

另外，常温洗水时还要测度并记录当天气温及水温，按照规范填写洗水记录表备案，如图5-3所示。普通洗水按先后顺序一般分为洗水、柔软、干衣三个阶段。具体工艺流程为：入衣→加水（加洗涤剂）→洗水→浸泡→放水→加水（加软剂或中和剂）→洗水→浸泡→清洗→脱水→干衣。

三、普洗常用洗涤剂及其作用

普洗常用洗涤剂有珠水（主要成分为过氧化氢）、去污油、乳化剂、枧油、羊绒平滑剂、去锈剂、除臭剂、硬剂等。洗涤剂可单独使用，混合使用时，要确保洗涤剂间不能发生化学反应，另外，部分洗涤剂为酸性，衣物在洗水过程中使用后，要用碱性洗涤剂进行中和pH，否则衣物会变色，普洗常用洗涤剂及其作用见表5-1。

表5-1 普洗常用洗涤剂及其作用

序号	名称	主要成分	作用	原理
1	珠水	过氧化氢	漂白，增艳	过氧化氢在常温下能自动分解：$2H_2O_2=2H_2O+O_2\uparrow$，是一种强氧化剂，纺织工业的漂白工艺就是利用它的氧化性
2	去污油	过氧烷基乙烯烃等	脱脂，去污，去除纺织丝油剂及浆料	去污油的亲水基团指向溶液，而亲油基团指向油污（油污在织物上）并定向地排列，使得油液界面的表面张力降低，在机器搅动作用下，织物上的油污松动并分散成细小的微粒而脱离织物表面。但要注意洗涤过程是一个可逆过程，悬浮垢也有可能重新沉积于织物中，这一过程称为污垢再沉积作用，因此要控制好洗水温度及时间。常见去污油洗涤剂为酸性洗涤剂，织物洗水后要用碱性洗涤剂进行中和，否则织物会发黄、发蓝或发灰
3	乳化剂	聚丙三醇壬基烷等	去污，乳化矿物油或油脂，使衣物蓬松、软滑	乳化剂是表面活性剂。碱和喜油的表面活性剂相结合可以将油和油脂形成的小珠分解成非常细小的颗粒，乳化剂再将其包围并在其表面形成一层奶状物质溶入水中从而去除油污。另外，乳化剂可与动物纤维的蛋白质作用，增强动物纤维的韧性和抗力，提高动物纤维的弹性
4	枧油	聚乙二醇壬基酚醚、环氧乙烷等	润湿、净洗和防沾色，手感柔软，绒面丰满	枧油属于表面活性剂相容性好，可和各类表面活性剂混用
5	羊绒平滑剂	高分子有机硅聚合物	提高羊毛织物柔软、滑爽、蓬松手感	高分子聚合物在织物上形成透明、光滑的薄膜，增强织物的光泽度、鲜艳度及回弹性

续表

序号	名称	主要成分	作用	原理
6	809去锈剂	草酸钾、草酸等	去除锈污	锈迹的主要成分是氧化铁，氧化铁遇到酸性物质发生离子反应，氧化铁中的铁以离子形态游离于溶液中
7	除臭剂	聚乙丙醇烷基酚醚等	去除异味及油污	化学除臭剂是利用氧化还原反应、中和反应、加成反应、缩合反应、离子交换反应等将产生的恶臭物质变为无臭物质从而消除臭气
8	硬剂	高分子材料复合物，聚醋酸乙烯等	增强织物的硬挺弹性手感	高分子聚合物在织物上形成坚牢、透明、耐磨的薄膜

第二节　缩绒工艺

一、缩绒的定义

缩绒（feltability of wool）又称毡缩，是常用的毛织服装后整洗水工艺。羊毛纤维由鳞片层和皮质层组成，羊毛的鳞片层又由鳞片表层、鳞片外层和鳞片内层组成，如图5-4所示，羊毛表面鳞片结构特性，使羊毛具有定向摩擦效应，鳞片结构是促使纤维产生缩绒的主要因素，无鳞片特征的纤维则无缩绒性。羊毛纤维在加湿、加热条件下，经机械外力反复作用，纤维束逐渐收缩紧密，相互纠缠、交编毡化。这一性能称为毛纤维的缩绒性，利用这一特性来处理毛织服装的工艺称为毛织服装缩绒。

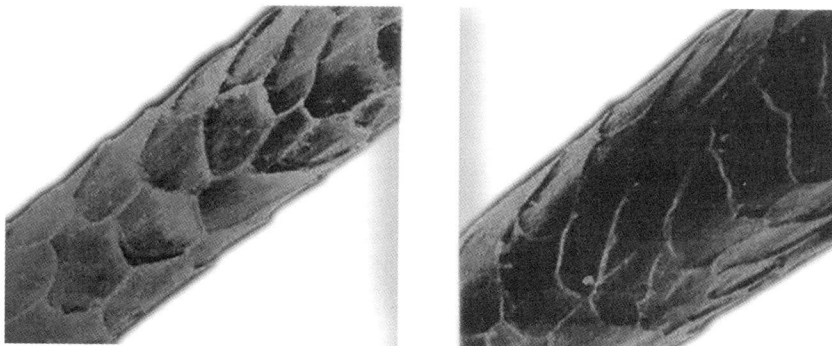

图5-4　羊毛鳞片表层

目前缩绒工艺主要应用于羊绒、驼毛、兔毛、雪特兰毛（因原产于英国雪特兰岛而得名）等粗纺毛织物中，精纺毛织物通常用在短时间内常温净洗整理或轻缩绒整理的方法改善外观。

二、缩绒的目的

毛织服装缩绒的目的是改善和提高毛织服装产品的内在质量和外观效果。就内在质量而言，缩绒能使织物质地紧密，长度缩短，每平方米重量及厚度增加，强力提高，弹性和保暖性增强。就外观效果而言，缩绒处理的毛织服装表面会显露出一层绒毛，外观优美，手感丰厚柔软，色泽柔和。另外缩绒产生的绒毛可以起到淡化和掩盖衣物疵点的作用，避免其明显地暴露在织物表面。

三、缩绒机理的内因

1. 羊毛的表层鳞片结构

羊毛纤维表面有鳞片覆盖，鳞片的自由端指向羊毛纤维尖端方向，当有缩绒剂存在时，羊毛纤维因润湿而膨胀，鳞片张开，此时对羊毛施加一定的外力，羊毛纤维将产生移动，由于表面鳞片的运动具有方向性摩擦效应，其运动方向必然是指向根端的。去掉外力后，由于相邻的羊毛纤维鳞片互相交错，就使得羊毛停留在新的位置，当再次受到外力的作用时，又使羊毛纤维产生相对位移，这样反复多次外力作用，使羊毛不断产生蠕动，如图5-5所示，从而使纤维缠结，毛端凸出在表面，产生缩绒现象。所以说鳞片的存在是毛纤维能够进行缩绒的根本原因。也就是说只有表面具有鳞片结构的纤维才有缩绒性，鳞片越多，则越有利于缩绒；而表面没有鳞片结构的纤维，就不具有缩绒性，如腈纶等化学纤维就不具有缩绒性。

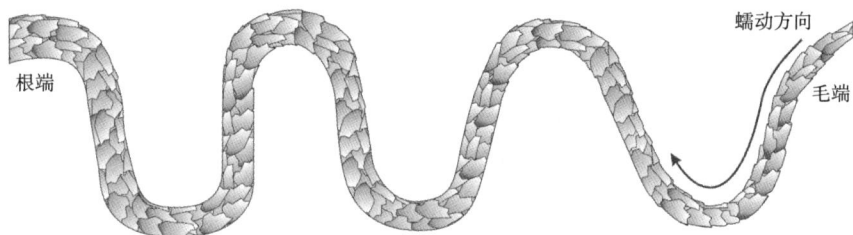

图5-5　羊毛缩绒的蠕动方向

2. 羊毛的天然卷曲性

由于羊毛纤维具有双侧结构，使纤维具有天然的空间卷曲，当添加外力拉伸羊毛时，羊毛会被拉直，外力去除后，羊毛会恢复到卷曲状态，在这样的过程中相邻近的羊毛缠结在一起。当羊毛受到挤压时，羊毛纤维产生迁移蠕动，这种运动并没有固定的方向，而是杂乱的、无规则的，它使羊毛纤维之间互相穿插起来，所以羊毛的卷曲越多，越容易缠结，也越有利于缩绒。

3. 羊毛的弹性

羊毛纤维受到外力作用时产生变形，由于羊毛纤维良好的回弹性，当外力去除后，急弹性变形会迅速恢复，使纤维间产生相对运动，当外力反复作用时，纤维间就会多次发生这种相对运动，促使纤维间的交错和缠结，有利于缩绒的进行。

4. 鳞片层的胶化

在缩绒过程中，由于羊毛纤维浸泡在热的缩绒液中，使覆盖在纤维表面的瓦状鳞片尖端易于发生一定的胶化，在外力挤压下，纤维之间在胶化处可能产生局部的黏结，这有利于缩绒。毛织服装缩绒是一个复杂的过程，是多因素共同作用和互相影响的结果，但根本点在于鳞片。由于鳞片的存在使羊毛在各种力的作用下，毛纤维互相缠结并产生定向移动，从而达到缩绒的目的。

四、缩绒工艺外部因素

影响毛织服装缩绒的工艺因素主要有缩绒剂、浴比、温度、pH、机械作用力和时间。

1. 缩绒剂

毛织服装在干燥环境下无法进行缩绒，必须将毛织服装浸入缩绒液中，才能进行缩绒。缩绒液由水和缩绒剂组成，它可以增加纤维之间的润滑性，减小在外力作用时的运动阻力；并使羊毛纤维润湿与膨胀，鳞片张开，定向摩擦效应增加。湿纤维具有良好的变形性，容易产生变形也容易快速恢复变形，这些性能增加了纤维之间的相对运动。这些都为缩绒创造了有利条件。另外湿纤维韧性好，当受到外力挤压和揉搓时，纤维不致损伤。缩绒剂对毛纤维还有洗涤作用。

缩绒剂应具有较好的溶解性，对纤维的润湿、渗透性能好，容易引起纤维的定向摩擦效应，缩绒后容易洗去等特点。目前，常用的毛织服装缩绒剂有净洗剂209、净洗剂105、中性皂粉、胰加漂T和非离子性洗涤剂等，其缩绒剂量一般为毛织服装重量的0.3%～3%。

2. 浴比

浴比是指毛织服装重量与缩绒液重量之比，较合适的缩绒浴比为1∶25～1∶35。浴比大一点，可提高水的打击力，提高出毛率，绒面均匀，也缩短了缩绒时间。浴比如果过小，毛织服装之间的摩擦力增加，摩擦力及作用力的不均匀程度增加，会导致缩绒不均匀。

3. 温度

缩绒温度控制在30～40℃为佳，不能超过60℃。如果温度过高，缩绒效果不易控制，毛织服装绒面会形成毡化，并且易使纤维受到损伤；温度太低，难以缩绒效果不佳。

4. pH

pH对毛织服装缩绒影响较大，缩绒液的pH通常控制在5～10。pH过低时，毛织服装缩绒后的手感变差，这是由于过低的pH使纤维盐式键拆离，降低了毛纤维强度的缘故。pH过高，不仅造成毛纤维盐式键的断裂，而且会使毛纤维的二硫键断裂，使毛纤维受到损伤。

5. 机械作用力

一定的机械作用力是毛织服装缩绒的必要条件，机械作用力过大、过猛会使毛织服装受到损伤而且缩绒不均匀；机械作用力过小时，又会使毛织服装缩绒过慢，耗用时间过长。毛织服装缩绒一般在专门的缩绒机中进行。如果没有缩绒机，也可在滚筒洗衣中进行或用人力来完成，但这时应适当加大浴比，以保证缩绒均匀。

6. 时间

毛织服装的缩绒时间一般为3～15min。兔毛服装的缩绒时间一般为20～35min。在一定的条件下进行缩绒，如果缩绒时间过长，缩绒进行得就会过于充分，毛织服装则会产生毡缩；但缩绒时间过短时，缩绒进行得不充分，则达不到缩绒效果。

影响缩绒的工艺因素较多，而且这些因素对缩绒的影响往往不是孤立的，相互之间有着密切的关系，因此在实际生产时要综合考虑。

五、缩绒方法

毛织服装缩绒工艺的合理与否，直接影响着缩绒质量的好坏，缩绒工艺合理，毛织服装表面产生绒茸，给人以美观、柔和的感觉。否则会出现两种情况，一是缩绒不充分，达不到缩绒的目的；二是缩绒过度，毛织服装由毡缩直至毡结，毡结是不可逆的，一旦毡结，织物显著收缩，弹性消失，手感发硬。毛织服装变成羊毛毡，使其服用性能下降。毛织服装缩绒的主要方法有洗涤剂缩绒法和溶剂缩绒法两种，其中洗涤剂缩绒法更为常用。

1. 洗涤剂缩绒法

洗涤剂缩绒的工艺流程是：浸泡→脱水→缩绒→清洗→柔软处理→脱水→烘干。

洗涤剂缩绒法是按缩绒剂的用量、浴比、温度与pH配制好缩绒液，放入缩绒毛织服装衣坯浸泡10～30min，然后进行缩绒。缩绒后可根据需要浸泡10～15min，然后进行漂洗、脱水、接着浸泡于柔软剂中进行柔软处理，最后脱水、烘干。

毛织服装衣坯浸泡后进行缩绒的工艺称为湿坯缩绒，毛织服装衣坯不经过浸泡直接缩绒的工艺称为干坯缩绒。湿坯缩绒比干坯缩绒的起绒效果好，起绒均匀，而且对毛纤维的损伤小。因此湿坯缩绒工艺应用较广。另外，在缩绒液中加入柔软剂，可使毛织服装的缩绒和柔软同时进行。

不同种类毛纤维面料缩绒工艺参数见表5-2。由于毛织服装缩绒受多方面因素的影响，表中所列工艺仅供参考，在生产中应进行小样缩绒试验，来确定适合具体产品的缩绒工艺。在缩绒之前可在毛织服装的领口、袖口、底边等处穿线，防止缩绒时发生拉伸和变形。在缩绒过程中还需加强中间检查，以确保质量。

表5-2 缩绒工艺参数[①]

原料	浴比	助剂（%）			温度（℃）	缩绒时间（min）	水洗		烘干
		净洗剂209	柔软剂E-22	中性皂粉			次数	时间（min）	
羊仔毛	1:30	1.5			30～33	35	2	5	烘干机
驼绒		1.5	2.5		37～40		2	5	烘干机
羊绒		1.5	3		35～38		2	5	烘干机
牦牛绒			2.5		38～40		2	5	烘干机
洗白兔毛[②]				2	38～40		1	3	烘箱
条染兔毛				2.5	38～40		2	3	烘箱
白抢兔毛[③]				2.5	38～40		2	2	烘箱
夹色兔毛	1:35			2	33～35		2	2	烘箱

续表

| 原料 | 浴比 | 助剂（%） | | | 温度（℃） | 缩绒时间（min） | 水洗 | | 烘干 |
		净洗剂209	柔软剂E-22	中性皂粉			次数	时间（min）	
羊毛圆机坯布	1：30	1.5			32～35		2	5	
毛/腈圆机坯布		1.5			32～35		2	5	

注 ①在缩绒时应以缩绒标样为准。
②洗白兔毛，即本白兔毛纺纱后，经净洗剂洗涤，清除杂质和油脂等。
③白抢兔毛，即本白兔毛和染色羊毛混合再纺纱。

2. 溶剂缩绒法

毛织服装溶剂缩绒法通常在缩绒前先要用全氯乙烯洗涤，在25～30℃的温度下对毛织服装进行清洗，清洗时间为5min左右。经脱水后进行缩绒。

溶剂缩绒法的工艺流程：毛织服装清洗→缩绒→脱液→柔软处理→脱水→烘干。

溶剂缩绒法的工艺要求：缩绒温度30～40℃；助剂为全氯乙烯、乳化剂为水；时间为5min左右。这种缩绒方法一般在溶剂整理机中进行。

六、脱水与烘干工艺

经过缩绒、清洗后的毛织服装都需先经过脱水，后经过烘干，才算完成缩绒的全过程。

1. 脱水

清洗完毕的毛织服装应立即脱水，尤其是夹色、多色、绣花等产品，更应如此，否则容易沾色。毛织服装经脱水后尚有20%～30%的含水量。脱水一般可在家用小型脱水机上或全自动洗衣机上进行，脱水时应在转笼中衬一块布或将毛织服装装入布袋中进行。没有脱水设备时，也可用手压的方法对毛织服装进行脱水。

2. 烘干

经脱水后的毛织服装，仍含有比较多的水分，因此都需经过烘干，烘干时应该按毛织服装的原料来选择烘干机、烘干时间及温度。

（1）圆筒型烘干机：常用的烘干机型是HG-757型。羊绒、驼绒、羊仔毛、雪特兰毛等毛织服装等产品的烘干，常用圆筒型烘干机烘干，毛织服装在烘干机内翻滚干燥的同时，可使游离的短纤维脱落，并被吸入集绒斗，产品经松弛烘干后绒毛丰满、手感好。但要注意不同颜色的毛织服装，不可同机烘干，以避免游离毛沾附在毛织服装上，影响产品外观质量。用圆筒型烘干机进行烘干时，温度为66～75℃，时间为15～30min。

（2）烘箱：烘箱烘干整理是把毛织服装套在不锈钢衣架上，挂在烘箱（或烘房）内静止烘干。这种烘干方式适宜兔毛织服装或各种比例的兔/羊混纺毛织服装，因为兔毛纤维长度比羊毛短，脆而易断，纤维间的抱合力稍差。容易产生落毛，影响兔毛织服装的绒面质量。此外，毛织服装在衣架上烘干定型，有利于保证产品的规格，并可改善单纱毛织服装的扭斜现象，为熨烫定型创造有利条件。

（3）精纺轻缩毛织服装一般采用悬挂式烘干机（或烘房）烘干。烘干时配合定型衣架，既可防止圆筒型烘干机在翻滚中引起的再起绒和减少落毛，又有利于产品规格的保证，也为整烫定型创造了有利条件。烘干时间和温度应根据具体情况而定。

毛织服装的烘干工艺，应根据毛织服装的原料、组织结构等来选定烘干设备、烘干温度和时间。烘干时，烘干温度和烘干时间等工艺参数的控制，应根据具体情况来确定。一般情况下，不论圆筒烘干机还是烘箱，烘干温度通常均控制在60~100℃，其中绒织服装类一般为70℃左右，非绒织服装类一般采用85℃左右的温度。烘干时间一般为15~30min。

第三节　拉毛工艺

拉毛整理又称拉绒整理或起毛，是用机械外力（如密集的针或刺）将织物表层的纤维剔除、拉出，形成一层绒毛的工艺过程，拉毛整理可以提高面料的保暖性，改善外观并使织物手感更柔软，如图5-6所示。

拉毛整理与缩绒整理的区别在于拉毛整理只是在织物表面起毛，而缩绒整理则是在织物的两面和内部都起绒。前者对织物地组织有损伤，而后者不损伤织物地组织。拉毛工艺既可以用在纯毛毛织服装上，也可以用在混纺或腈纶等化学纤维织成的服装上。目前，拉毛整理多用在不具有缩绒特性的腈纶产品（上衣、裤、裙、围巾、帽子等），以此来扩大其花色品种。坯布一般采用钢针拉毛机，如图5-7所示，其与针织内衣绒布拉毛基本相同，横机生产的毛织服装产品一般进行整衫拉毛，为了不使纤维损伤过多和简化工艺流程，通常不采用钢针拉毛机，而是采用刺果拉毛机进行干态拉毛。拉毛整理时可在织物的正反面进行。

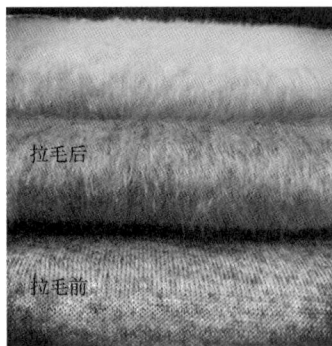

图5-6　织物拉毛整理效果对比　　　　　　　图5-7　双辊拉毛机

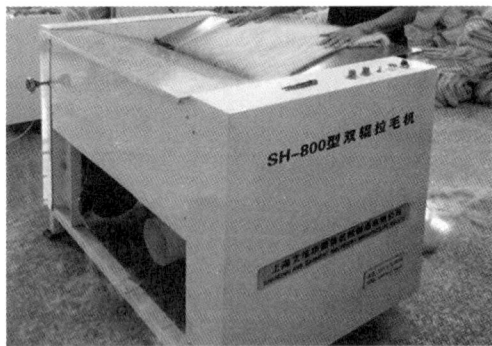

第四节　特种后整工艺

近年来，随着新材料、新工艺、新技术的发展，尤其是纳米技术、生物工程技术和信息技术的发展，为毛织服装向功能化、智能化发展提供了新的途径，使之能够更好地满足消费者对毛织服装服用性能的特殊要求。

毛织服装的特种整理包括功能整理和智能整理两大类。功能整理是指通过一定的整理工艺，使毛织服装获得一种或多种功能的整理，主要有防起球、防缩、防蛀、防霉防污、防静电、防水、阻燃、芳香、抗菌、抗病毒、防螨、自清洁整理等，其中最常用的是防起球、防缩、防蛀和防污整理等。智能整理是指通过一定的整理工艺，使毛织服装具有感知外界环境的变化或刺激（如机械、热、化学、光、湿度、电和磁等），并做出反应能力的整理，主要有变色、调温、调湿整理等。

一、防起球整理

说到衣服起球，大家都不陌生，相信很多人都遇到过衣服穿了一段时间起毛起球的经历。起球的衣服不仅引起穿着不舒适，还大大影响外观美感。

1. 织物表面毛球的形成过程

织物在使用过程中不断受到摩擦，使其表面的纤维端被牵、带、勾、拉、拔出，并在织物表面形成毛羽的现象称为起毛。随毛羽逐渐被抽拔伸出，一般超过5mm时，再承受摩擦，纤维端互相勾接、缠绕形成不规则球状的现象称为起球。织物随着使用过程中继续摩擦，纤维球逐渐紧密，并使连在织物上的纤维受到不同方向的反复折曲、疲劳以致断裂，纤维球便从织物表面脱落，但此后折断头端的纤维毛羽还会在使用过程中继续被抽拔伸出并再次形成纤维球，如图5-8所示。

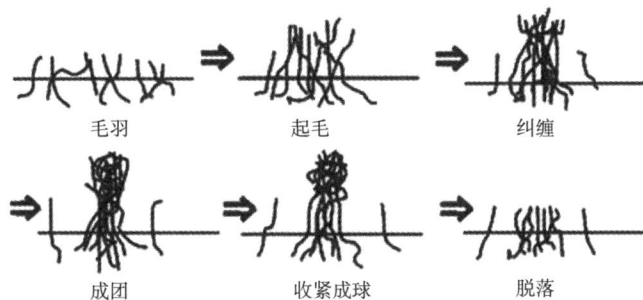

图5-8 织物表面毛球的形成过程

2. 衣物起球的因素

（1）从原料角度来看，毛纤维和化学纤维容易起球。特别是粗梳毛织物或仿毛类的粗梳织物以及羊绒织物等。

（2）从纱线和组织结构角度来看，纱线捻度小、毛羽较多，织物结构疏松、有较长浮线的斜纹、缎纹织物容易起球。

3. 防起球后整理方法

（1）轻度缩绒法（主要用于羊毛织物，如毛织服装、羊毛针织品）。毛织服装等针织品经过轻度缩绒后，其毛纤维的根部在纱线内产生毡化，纤维之间相互纠缠，因此增强了纤维之间的摩擦系数，使纤维在遭受摩擦时不易从纱线中滑出，进而使毛织服装等的起球现象

得以减少。目前，一般对精纺羊毛织物通过轻度缩绒以提高其抗起球效果。轻度缩绒法工艺
见表5-3。

表5-3 轻度缩绒法工艺

工序	浴比	温度（℃）	pH	溶液与助剂	时间（min）	工艺备注
浸润	1：20	35	7	水	5~8	按纤维特性溢流一次
缩绒	1：20~30	30~35	7~7.5	净洗剂0.2%~0.5%	3~8	
清洗		25		水	5	
脱水						
烘干		85			20~45	考虑织物厚度及特点

（2）树酯整理法。

原理：树酯是各种各样的聚合物，利用树酯在纤维表面交链网状成膜的功能，使纤维表
面包裹一层耐磨的树酯膜，此树酯膜使纤维的滑移减弱；同时，树酯均匀地交链凝聚在纱线
表层，使纤维端黏附于纱线上，摩擦时不易起球，因而可有效地提高毛织服装的抗起球性。

树酯的选择：所选树酯必须要与纤维有较大的黏合力，同时本身也应有一定的强力，整
理后要有较好的弹性和滑爽而不粘腻的手感，黏结膜不影响染料地色牢度和光泽，对人体皮
肤无刺激，无异味；树酯性能稳定，应用方便、可靠、价格低廉。目前，一般的树酯（丙烯
酸酯自身交联型树酯）已不能满足客户对织物的高要求，因为有的抗起毛起球剂（树酯）存
在处理后手感变硬，强力下降，被处理物色光发生变化，有的树酯还必须进行高温焙烘等，
国外已逐步淘汰。新一代的抗起毛起球剂正逐步发展起来，其主要代表产品为聚氨酯系的高
分子物和有机硅酮树酯，现在这类产品国内已有生产，并已大量应用于生产针织品的抗起毛
起球整理。树酯整理工艺如表5-4所示。

表5-4 树酯整理工艺

工序	浴比	温度（℃）	树酯与助剂	时间（min）	工艺备注
浸液	1：30	25	树酯、渗透剂	25	控制含水率
柔软	1：30	30~40	柔软剂0.5%~1%	30	
脱水					
烘干		85~90		20~40	

二、防缩整理

羊毛纤维具有天然的卷曲性，表面有鳞片，具有定向摩擦效应，在洗涤以及穿着、使
用、加工的过程中会产生收缩，影响毛织服装的尺寸稳定性和整体外观，因而必须进行防缩
处理。毛织服装的收缩机制及相应的防缩机制如下。

1. 机械外力

纱线在加捻和成圈过程中受机械外力作用而使线圈内的羊毛变形扭曲，因此羊毛存在恢复原来状况的应力。随着穿着、储存、洗涤等时间的推移，这种内力会逐渐消失，导致毛织服装尺寸变小，某些部位如肘部、背部、领口、底边等变形。最后稳定在某一种形态，这种收缩被称作内力松弛收缩。

2. 毡化收缩

毡化收缩是因羊毛本身的鳞片结构双向摩擦系数不同，在穿着、洗涤过程中羊毛单向移动、不能恢复到原来状态而形成的尺寸收缩。

三、防蛀整理

动物毛型纤维含有丰富的角蛋白质，因此毛织物易受虫蛀。食毛的蛀虫很多，大致有两类：一类是鳞翅目蛾蝶类的衣蛾，如图5-9所示；另一类是鞘翅目甲虫类的皮蠹虫。蛀虫的幼虫在生长的过程中以毛纤维为食，每年4～10月最活跃，但其在干燥低温或阳光照射下则很难生存。毛织物染整生产中最常用的防蛀整理是对织物进行化学处理，或使羊毛纤维结构产生变化，从而达到防蛀目的。防蛀剂不能影响织物的色泽和染色牢度，不损伤羊毛的手感和强力，具有无色、无臭、耐洗、耐晒，对人体安全等特点。

图5-9　织物上的衣蛾幼虫

1. 常用的防蛀剂

按照使用方法，常用的防蛀剂可分为以下几种。

（1）熏蒸剂。熏蒸剂是使用最广泛、方便的一种防蛀剂，利用其挥发物杀死蛀虫，需在密闭容器中进行。其主要有樟脑、萘、对二氯苯等，熏蒸剂在家庭日常使用较多。

（2）喷洒剂。喷洒剂的性质稳定，在空气、日光和水的作用下都不起变化，当温度高于100℃时会分解。氯苯乙烷能溶于汽油，用乳化剂乳化后喷洒，杀虫力强，防蛀时间长，但其不耐水洗和干洗。

（3）浸染型防蛀剂。浸染型防蛀剂是企业生产常用的防蛀剂，主要有以下四种。

①米丁FF（Mitin FF）。可溶于水，无色、无臭、无味，在酸性溶液中对羊毛有较大的

亲和力，可与酸性染料同浴染色并不影响色泽，耐水洗和皂洗，但对染料上染率有明显影响。在60℃以下时，米丁FF不断被纤维吸收，占据染座，导致染料上染很少。待米丁FF上染完毕，染料才迅速地大量上染纤维，若控制不好极易染花。因此，酸性染料若与米丁FF同浴染色时，应重做上色速率试验，并据此确定升温工艺曲线。例如，采用分浴法，在染色后进行防蛀处理，这样对染料的上染无影响。米丁FF的防蛀效果好，使用方便、耐日晒、水洗、干洗，价格相对较高。

②欧兰U33（Eulan U33）。其为磺酰胺衍生物，阴离子型，棕色黏滞液体，相对密度为1.2。其可与水以任何比例混合，与碱作用形成可溶性盐，对温度、pH适应范围广，可在染浴及整理剂中混用，用量较大，约为1.5%左右，较耐洗。

③防蛀剂（Perign）。防蛀剂是一种非离子型助剂，外观为澄清琥珀色流动液体，20℃的相对密度为0.93，产品可用硬度达到500mg/L（以碳酸钙计）的硬水稀释。

④辛硫酸。辛硫酸为国产防蛀剂，是一种高效低毒、低残留、广谱型的有机磷杀虫剂，辛硫酸纯品为黄色油状液体，熔点3~4℃，沸点102℃（1.3Pa），相对密度为1.176，在20℃水中的溶解度为7mg/L，易溶于有机溶剂中，在中性、酸性中稳定，易被碱所水解。这种防蛀剂的特点是工艺简单，易于推广应用；对人的毒性小，无公害，处理残液分解为无毒的磷酸，对昆虫的毒杀效果大，范围广，对羊毛蛀虫均有很好的防蛀效果；耐干洗、皂洗坚牢较好。

2. 防蛀方法

羊毛和毛织服装的防蛀方法有多种，大致可分成物理性预防法、羊毛化学改性法、抑制蛀虫生殖法、防蛀剂化学驱杀法四大类。

（1）物理性预防法。物理性预防法是用物理手段防止害虫附着在毛纤维上，或使其难以存活。通常采用真空贮存、加热、紫外线照射、冷冻贮存、晾晒和保存于低温干燥通风场所等方法。

（2）羊毛化学改性法。羊毛化学改性法是羊毛纤维通过化学改性形成新而稳定的交链结构，可干扰和阻止害虫幼虫对羊毛的消化，从而提高防蛀性能。羊毛纤维的化学改性方法通常有两种：一种是将羊毛的二硫键经巯基醋酸还原为还原性羊毛，然后与亚烃基二卤化物反应使羊毛纤维的二硫键为二硫醚交链取代；另一种是双官能α、β–不饱和醛与还原性羊毛反应形成在碱性还原条件下很稳定的新交链。

（3）抑制蛀虫生殖法。抑制蛀虫生长繁殖的方法很多，有金属螯合物处理、γ射线辐射、应用引诱剂杜绝蛀虫繁殖能力及引入无害菌类控制害虫的生长等。

（4）防蛀剂化学驱杀法。此法是使化学药剂直接浸入害虫皮层，或者通过呼吸器官和消化器官给毒而使之死亡。此法主要用熏蒸剂、喷洒剂、浸染型防蛀整理剂来实现。

3. 防蛀整理工艺

（1）欧兰U33的防蛀整理方法。先将待用的1.5%（占织物重量）的欧兰U33以5~10份冷水稀释后，加入中性溶液内，浴比为1：30，放入毛织服装，在30~40℃的温度下处理10min，加1%醋酸调节pH为5~6，并在相同温度下继续处理15 min，然后水洗，脱水、烘干。

（2）辛硫酸的防蛀整理方法。浴比1：30、温度40℃，加醋酸调节pH为4~5，然后加入

0.05%～0.1%（溶液浓度）的辛硫酸，搅拌均匀后，放入毛织服装，接着升温至60～80℃，处理30min，降温至45℃出机，脱水、烘干。辛硫酸的处理工艺可以与染色同浴进行，也可在染色后进行处理。

四、抗污整理

毛织服装在服用过程中容易沾上油污，特别是高档毛织服装，因为不方便经常洗涤，所以应考虑拒污整理，以阻止污垢对毛纤维的沾污，减少毛织服装的洗涤次数。

1. 污垢种类

织物上的污垢来源于人体和环境，主要组成见表5-5。

表5-5　污垢种类及主要成分

污垢种类	主要物质	含量
皮肤分泌物	三甘油酯	30%～50%
	单甘油酯	5%～10%
	脂肪酸	15%～30%
	蜡状酯类	12%～16%
	角鲨烯（三十碳六烯）	10%～12%
	胆固醇	1%～3%
	胆固醇酯类	1%～3%
	烃类	1%～2%
汗液组成	无机盐类	0.5%
	尿素、乳酸、丙酮酸等	0.5%
	水	99%
外衣尘垢组成	水溶性物质	10%～15%
	乙醚可溶物	8%～12%
	有机溶剂可溶物	2%～5%
	不溶物（指脂肪、纤维、烟灰）	20%～25%
灰分组成	Fe_2O_3	10%～12%
	MgO	1%～13%
	CaO	7%～9%
	SiO_2	23%～26%

2. 拒污整理机理

通过电子显微镜的扫描，发现污垢主要吸附于纤维或纱线间、纤维面凹陷处、缝隙和毛细孔中，而颗粒状污垢会黏附到纤维光滑部分，大多属于"油黏附"。液体污垢对纤维的润湿，可用毛细管压力方程表示：

$$P=2\gamma\cos\theta_a/r \qquad\qquad (5-1)$$

式中：P——毛细管压力，10^6N/m；

γ——液体表面张力，10^{-3}N/m；

θ_a——液体污垢在毛细管内上升或下降的前进接触角，（°）；

r——毛细管半径的平均值，nm。

当毛织物用烃类、有机硅、有机氟整理剂处理后，纤维表面的θ_a会大大降低，从而阻止液体污垢吸入纱线内。有机氟整理剂整理的织物拒污性能最好，有机硅其次，烃类最差。全毛织物拒污整理前后性能比较如表5-6所示。

表5-6　全毛织物拒污整理前后性能比较

污垢	特性	未整理	有机硅、烃类整理	有机氟整理
		污垢级别	污垢级别	污垢级别
果汁	水基、低黏度	2	4	4
酱油	水基、高黏度	1	3	4
威士忌	醇—水基	1	1	4
肉汁	油在水中、低黏度	1	2	4
橄榄油	油基、低黏度	0	0	4
蛋黄酱	水在油中、高黏度	0	0	4

注　拒污级别4级最好，无拒污性为0级。

3. 拒污整理工艺

毛织物的拒污整理，通常采用有机氟整理剂进行处理，使纤维的表面张力降低，从而降低油污在毛纤维上的附着力，达到拒污整理的目的。处理时，拒污整理剂可部分进入纤维内部，但大部分附于纤维表面，并能与羊毛纤维形成一定的结合。由于全氟烷基末端—CF$_3$均匀缜密地覆盖于纤维最外层，所以织物具有良好的防油效果。但空气和人本身散发的水蒸气仍能自由地通过，不影响织物的服用舒适性。

拒污整理工艺流程：浸渍整理液（有机氟整理剂4%～6%，加1%醋酸调节pH为5～6，浴比为1∶30，在30～40℃的温度下处理10min）→脱液→预烘（80～100℃）→烘干（150～180℃，30～60s）。

五、抗菌整理

1. 羊毛织物的抗菌

毛纺织品在使用和穿着过程中，会受到微生物的侵蚀，只要符合一定的温度、一定的营养条件，微生物就能繁殖。羊毛纤维的大分子属于蛋白质结构，从羊毛洗毛开始的加工过程，都受到各种表面活性剂作用，洗毛要用洗涤剂，纺纱要施加和毛油，有不少是微生物的营养源，可使微生物在羊毛纤维（或织物）上生存、繁殖，局部的轻度侵蚀将形成斑疵，影响染色，严重的将会使纤维强度下降。以细菌、真菌、霉菌、酵母菌为代表的各种菌种，虽然不同纤维有着不同程度的侵蚀结果，如合成纤维不易被微生物降解、但更适宜成为微生物繁殖的场所，羊毛纤维较纤维素纤维有一定的抗菌能力，但易积聚各种病毒。一般未经特殊抗菌整理，仅靠水洗保持清洁是难以达到抗菌效果的。即使干洗，也会使同机内洗涤物之间交叉感染。因此，纺织品只有进行抗菌整理，才能达到持久的抗菌效果。特别是公共卫生纺织品更需要抗菌整理。

2. 抗菌剂的选择与抗菌机理

（1）溶出型抗菌剂：最早的抗菌剂一般是一次性的，对安全性、耐久性基本不考虑，抗菌效果随洗涤次数增多而逐渐减退。溶出型抗菌剂并不与纤维结合，只是吸附在纤维表面，逐渐释放金属离子或其活性基团，对细菌的细胞膜进行机械破坏，达到灭菌或抑菌的目的。如各种无机金属类化合物Hg、Ag、AgCl、Ca（OH）$_2$等，还有酚类化合物，如三氯苯酚、五氯苯酚，但都具有一定的毒性，有的还含有甲醛。在实际使用中，操作者会感到有刺激黏膜、皮肤不适等症状。因它会从纤维表面释放出来，穿着时这些有害物质与皮肤接触并通过毛孔渗入人体，对人体有害。此外有一些无机抗菌剂，有良好的抗菌性能，但因不能与纤维形成牢固结合，也不耐水洗，还有的因毒性及不能广谱抗菌等原因也逐步被淘汰。

（2）非溶出型抗菌剂：纺织品作为一种耐用消费品，要求抗菌剂安全、耐洗涤，又能广谱抗菌，近年来使用的有机硅季铵盐具有此特性。同时它不是靠释放某些物质达到抗菌目的，而是与纤维分子中的羧基或氨基等发生键合，与纤维成为一体，有足够的牢度，是一种非溶出型抗菌剂，如抗菌剂DC-5700，含有效杀菌的季铵盐阳离子抗菌基团，可穿透细菌的细胞膜杀死细菌，具有较强的抗菌性能和良好耐洗性；有的抗菌剂还有多个活性基团，可对不同纤维有效抗菌。例如，甲壳素是利用天然甲壳质高分子经脱乙酰处理后成为脱乙酰甲壳素，具有较强的抑菌活性，既体现为触杀型抑菌活性，与微生物唾液结合，能限制细菌生命活力；同时还因它的壳聚糖抑菌活性，能破坏细菌的遗传基因。它与纤维分子形成的键合作用十分牢固，耐水洗。

另外也可选择纳米银离子粉体，在纤维纺丝时加入或在织物后整理时加入，使其进入纤维空隙中，一般洗涤时难以将其洗去，也能起到耐久的抗菌作用。

非溶出型抗菌整理一般采用浸渍或浸轧整理，操作简单。非溶出型抗菌剂及其抗菌整理方法如下：

①DC-5700：用量为0.5%～0.8%（抗菌剂占织物重量的比例），二浸二轧，轧液率为70%～75%，100℃烘干。

②甲壳素：用量为1.5%～2%（抗菌剂占织物重量的比例），二浸二轧，轧液率为70%～75%，100℃烘干。

③SCJ：用量为3%（抗菌剂占织物重量的比例），浸渍30min后，脱液、烘干。

④禾润I号：用量为3%（抗菌剂占织物重量的比例），二浸二轧，轧液率为75%～80%，烘干。

⑤山宁泰196-04：用量为1%～2%（抗菌剂占织物重量的比例），二浸二轧，轧液率为50%～100%，浸轧温度为20～40℃，烘干。

3. 抗菌效果的检测

由于非溶出型抗菌剂与溶出型抗菌剂抗菌机理不同，因此不适用传统的检测方法，除了涂布法、平行交叉法的定性测试外，目前更多的是采用定量法，如AATCC-100，这是一种测试抗菌实际效果的检测方法，并以抑菌率的数据表示抗菌整理的效果。

测试时，将未抗菌整理与抗菌整理试样分别灭菌后，接种测试菌种。目前国内一般采用几种有代表性的细菌作为测试菌种，如大肠杆菌、金黄色葡萄球菌以及酵母菌、白色念珠菌等菌种，采用振荡法，使试样与菌液充分振荡接触规定时间（如24h）后，取出菌液再培养一定时间后计算菌落变化情况，按公式计算出实际抑菌率。目前非溶出型抗菌纺织品实际抑菌率标准仍按国家卫生部相关检测标准执行，一般来说抑菌率达到26%以上，就认为具有抑菌效果。

4. 影响抗菌整理的工艺因素

部分抗菌剂对不同纤维的实际抗菌效果并不相同，如对纤维素纤维、化学纤维、蛋白质纤维的抗菌整理后效果不一致，这主要取决于抗菌剂的抑菌活性基团能否与纤维上相关基团结合成牢固的化学键合作用。例如，氨纶、麻、棉、羊毛对实际抗菌整理剂的选择方面不完全相同，有的抗菌剂如SCJ、甲壳素、山泰宁196-04等比较适合于各种纤维的抗菌整理，但含氨纶的棉、麻等纺织物的抗菌剂的用量需增加1%~1.5%。

其次，应注意抗菌剂的稳定性，有的抗菌剂水溶解时可能存在稳定性方面的问题。一方面不能用量过多，另一方面还应注意溶解稀释时要将其慢慢倒入水中，以免产生凝聚现象。有的抗菌剂预烘干后需再烘焙，通常温度应适当，可以增加键合牢固度。一般抗菌剂与阳离子、非离子助剂有良好的相容性。

六、负离子整理

纺织品保健整理成为消费者生活方式中对功能性服装的一种认可，有市场统计资料表明，对于毛织服装、内衣，包括鞋、袜保健卫生整理的需求正在增加，如负离子、远红外功能性整理等。

人体健康与环境密切相关，在空气环境受到污染，如计算机、空调机等都能产生正离子，一般正离子刺激人体，往往容易引发头痛、头昏、易疲劳，思维速度与精力集中程度受到影响。如果空气中增加负离子，形象地说它像空气中的维生素，能使人精神放松、心情舒畅，减轻工作带来的疲劳，增加体内氧气转化能力，加速新陈代谢作用，对人体健康有利。将负离子材料如蛋白石（天然硬化的二氧化硅胶凝体）等助剂施加到纺织品中，可与不同纤维中的氨基或羟基发生结合，整理后的服装在穿着过程中因受到摩擦或活动时的振动，都能使纤维产生负离子效应，使人体周围增加负离子浓度。

1. 负离子的产生机理

空气中的分子和原子在一定条件的作用下会发生电离，外层电子会脱离原子核，失去电子的分子或原子带正电荷，称为正离子。而脱离出来的电子与其他中性分子或原子结合，使其带有负电荷，称为负离子。空气中的离子变化连续不断，使正、负离子浓度也不断变化，并保持相对动态平衡。

研究一种物质，如稀土类矿石或其他天然硅酸盐物质，采用特殊的方法添加到纤维或纺织品中，使之具有发生负离子的功能。考虑到使用的环境安全性，采用电气石或蛋白石等物质，利用其本身具有的电磁效应，使加工后的纤维或纺织品也能成为一种天然的负离子发生器。还有天然放射性稀有元素，它能将空气离子化，使人感到犹如森林浴作用，获得如洗温泉同样的效果，对人体健康有利并有辅助理疗作用。

2. 负离子的整理方法

（1）负离子纤维加工：国外研究的共混纺丝法、共聚法，是将某种物质（如无机矿物）加工成纳米粉体施加到化学纤维共聚物中，纺丝后即形成负离子纤维。

（2）负离子功能性后整理方法：纺织品在后整理工艺中，通常将这类矿石物质粉末采用浸渍法施加在纺织品上（后整理处理方法可能在色光、手感上对织物略有影响）。

3. 负离子含量与人体健康的关系

由天然矿物质提炼出的负离子发生材料，经过特殊方法施加到纤维或纺织品中，使其也能产生负离子功能。穿着负离子材料的服装，如毛织服装能不断产生一定浓度的负离子，净化周围空气，有利于人体健康，负离子含量与人体健康关系见表5-7。

表5-7　负离子含量与人体健康关系

环境	负离子含量（个数／cm³）	与人体健康关系
森林、瀑布区	100000 ~ 500000	具有疗养功能
高山、海边	50000 ~ 100000	杀菌、减少疾病传染
郊外、田野	5000 ~ 50000	增强人体免疫力和抗菌力
都市公园里	1000 ~ 2000	维持健康的基本需要
街道绿化区	100 ~ 200	有诱发生理障碍倾向
都市住宅封闭区	40 ~ 50	引发头痛、失眠、疲倦等
空调房间	0 ~ 25	引发空调病症状

4. 用于纺织品的可释放负离子材料

适合纺织品整理的负离子材料，大多是采用海底沉积物、矿物质、电气石等。这些物质应是安全的，对人体无害的。目前国内外添加在纺织品上的负离子材料见表5-8。

表5-8　负离子处理的组分

名称	组分及特性
奇冰石	主要含硼，少量Al、Mg、Fe、Li的环状结构的硅酸盐
电气石	$Na（Mg, Fe, Mn, Li, Al）_3Al_6[Si_6O_{18}][BO_3][OH_2F]_4$的三方晶系硅酸盐
蛋白石	含水非晶质或胶质的活性SiO_2，及少量Fe_2O_3、Al_2O_3、Mn和有机物等
天然石	硅酸盐和铝、铁等氧化物为主要成分的无机系多孔物质
海底矿物层	硅酸盐和铝、镁等氧化物为主要成分的无机系多孔物质

以上这些天然材料在提取后，施加到纺织品中，如纺织品与人体肌肤接触具有亲和性，负离子发生效果明显。例如，在整理液中再添加红外线放射物质，其产生负离子和红外线能促进人体血液循环，增强保健作用。

七、成衣的外观整理

1. 浮雕整理

（1）产品特点：浮雕毛织服装是以具有形似浮雕凹凸图案的外观为特色。浮雕图案是用特殊的印花加工制成，印制的图案在织物表面，富有凹凸感，在光照下反差强烈，视觉上产生醒目的立体效果。

毛织服装的浮雕印花是运用局部防缩原理，在印花浆中加入适量的防缩剂，然后将印上花型图案的毛织服装进行缩绒，则有图案部分不缩绒，而无图案部分绒毛丛生，出现丰满的绒面，显示出凹凸立体感，形成浮雕效果。

（2）浮雕整理工艺：毛织服装防缩剂是水溶性树酯，能在不经氧化处理的羊毛纤维表面交链成膜。薄膜无色透明、均匀连续、柔软坚固。涂上树酯的羊毛纤维在缩绒过程中不会缩绒。水溶性防缩树酯有：SYNTHAPPRET BAP（拜耳，含有46%亚硫酸氢盐与POLYSOCYANATE的化合物）；LANKROLAN SHR3（大祥美华，含有40%以BUNTESALT为端基的聚丙烯氧化物）；ULTRATEX ESB130（汽巴嘉基，含35%聚硅氧烷乳化剂）。

①工艺流程：衣片→洗油→印花→预烘→蜡烘→缩绒→脱水→烘干。

洗油是使羊毛服装含油量不高于0.5%，以保证羊毛服装对树酯充分吸附。预烘、焙烘是促使树酯交链成膜趋于完善，否则会影响浮雕效果。

②印浆配方：

a. 海藻酸盐类（%）

SYNTHAPPRET BAP（46%）2.5%、碳酸氢钠0.3%、低固体海藻酸盐稠厚剂1.0%、水96.2%。

b. 乳浊液类（%）

SYNTHAPPRET BAP（46%）2.5%、碳酸氢钠0.3%、备用乳化稠厚剂97.2%。

③涂料：在涂料中加适量的涂料可使浮雕效果更为明显，但过量会起印染作用。浮雕效果在浅色羊毛服装上比较突出，添加的涂料分量为0.001%~0.01%。

④印花程序：把羊毛服装衣片平放在一个不锈钢的成形架上，成形架与衣片的外形相同，成形架的长宽均比衣片的长宽大10%~15%，便于印浆渗透。

印花时应使用较重的刮板或压浆辊，印浆适量，不可太厚，以能渗透至图案背面为宜，过分精细的图案会使浮雕效果不显著，因为缩绒后线条易模糊。若印花质量差，可立即洗掉，干燥后再印。印花后把衣片平放吹干，干透后再在110℃高温中焙固10min。

2. 浮纹整理

（1）浮纹整理的特点：浮纹毛织服装是把图案浮现于织物表面的一种印花毛织服装品种。它是利用羊毛的毡化特性，进行特殊的浮纹印花加工处理，使印在织物上的图案经缩绒后浮现在织物上。

（2）浮纹整理工艺：浮纹印花的基本原理是将未缝合的毛织服装衣片平放在成形木板上，然后将设计图案印上一层印浆。印浆主要起抑制剂的作用，使印上浆料的部分在后整中能抵制防缩树酯的作用。最后缩绒过程中，在印浆部分发生毡化作用而显示浮纹效果。

①工艺流程：衣片→防皱处理（上印浆）→防缩处理→水洗→缩绒→脱水→烘干

②印浆配方：MANUTEX RSB （ALGINATE INDUSYRIES的低含固量增稠剂）18.5g/kg、非离子性洗涤剂10g/kg、水1kg。

上印浆后，取下衣片进行防缩处理，再用LANKROLAN SHR3（大祥美华）或SYNTHAPPRET BAP /IMORANILDLN（拜耳）做防缩处理。在水洗中除去衣片上的印浆，最后放入滚筒式缩绒机内洗缩20min，让其形成浮纹效果。毡化浮纹印花图案主要适用于精纺毛织服装，不适宜于粗纺毛织服装。

浮纹毛织服装和浮雕毛织服装的表面虽都有凹凸立体感花纹，但加工的原理不同，且浮纹毛织服装具有防缩特性。

第五节　整烫工艺

企业常用"三分缝七分烫"强调整烫在服装生产中的重要性，整烫最主要的作用是通过喷蒸汽、熨烫去掉衣物皱痕；经过热定型处理使服装外型平整、线条挺直，整烫工序要考虑服装的纤维材料及成分。

毛织服装本指用羊毛织制的针织衫，实际上"毛织服装"已成为一类产品的代名词，主要是指用毛纱或毛型化学纤维纱线编织成的针织服装（本教材以横机织物为例），泛指"针织毛衫"或称"毛织服装"。毛织服装纺织材料包括动物毛纤维、动物毛纤维和化学纤维混纺、化学纤维三类，特别是动物毛纤维和化学纤维的混纺产品，在织物性能方面能优势互补，其外观有纯毛类产品的观感，体感上有毛类产品的舒适感，抗伸强度及稳定性方面亦得到较大改善，同时也降低了毛织服装的成本。兔毛衫、雪兰毛衫、羊仔毛衫、腈纶衫等都是"毛织服装"家族成员，毛织服装即指各类动物毛纤维织成的服装。

一、整烫的目的及机理

整烫的目的是使服装具有持久、稳定的标准规格，表面平整，外型美观。组成物质的分子在一定范围内不停地运动，羊毛纤维的大分子也是如此，而且这种运动受温湿度变化的影响。毛织服装在整烫时，由于温湿度增加，羊毛大分子的运动范围增加，从而使分子间的约束削弱，分子间相互滑移，羊毛大分子排列发生变化，分子中的二硫键在蒸汽的作用下断裂，在新的位置上重新衔接，冷却后纤维大分子在新的位置上固定下来。另外，在湿热状态下，毛织服装的内应力消除，形成松弛收缩条件，在这时加以适当的压力，使羊毛角朊大分子中的氢键断裂、伸长，在新的位置上牢固结合，使毛织服装在穿着过程中具有较好的尺寸稳定性及定型性。

二、整烫的四个要素

服装整烫的四个基本要素是温度、湿度、压力和时间，另外，毛织服装整烫后要有冷却过程。

1. 温度

（1）整烫是利用纤维热可塑性的特点进行热定型。不同织物，其物理、化学性能不同，这就决定了它们承受温度的能力也不同，各种原料的毛织服装要在相应的温度条件下才能达到产品定型、外观平整挺括、规格符合标准的目的。整烫温度要适中，如果温度偏高，会使毛织服装板结，手感粗糙，弹性降低，表面产生极光，尤其突出的领边等部位为甚；温度偏低，则平整度差，易收缩变形，达不到定型的目的。对温度的控制，直接影响整烫效果。若织物处于危险温度持续30s，织物强度下降10%，纤维的变化可用肉眼分辨出来。如果在使用熨斗时，织物上垫有布，熨烫温度可提高15%。各类纤维面料要求的熨烫温度如表5-9所示。

表5-9 各类纤维面料要求的熨烫温度

纤维名称	直接熨烫（℃）	垫干布熨烫（℃）	垫湿布熨烫（℃）
丙纶	85~105	140~150	160~190
腈纶	115~135	150~160	180~210
维纶	125~145	160~170	180~210
锦纶	125~145	160~170	180~210
涤纶	150~170	185~195	195~220
柞丝	155~165	180~190	190~220
桑蚕丝	165~185	190~200	200~230
羊毛	160~180	185~200	200~250
棉	175~195	195~220	220~240
麻	185~205	205~220	220~250

（2）掌握熨烫温度的要点。

①所选择的熨烫温度不能超过该织物的分解温度和软化点。

②对两种或两种以上纤维的混纺织物，熨烫温度不高于其中最低耐温纤维的最高温度。

③不同颜色对温度有不同的承受能力，温度过高对色牢度有影响，会出现变黄、变深等。

④织物厚薄不同，熨烫时间可长可短，熨烫温度可高可低。

根据不同纤维的比热容，可以指定不同的熨烫温度。天然纤维的熨烫温度如果高于分解温度，当达到分解温度时，纤维内部分子分解并逐渐炭化，纤维被破坏，其强度下降，失去光泽和颜色，从而影纤维使用寿命。

（3）在实际生产中，熨烫温度高于分解温度，纤维却不被损坏的原因有以下几种。

①在熨烫中，一般纤维（氯纶除外）在70℃以下时，内部分子是不会有多大的变化，必须大大高于这个温度，纤维分子才可能按要求进行运动。

②熨烫过程就是熨斗在织物上的移动或摩擦过程。在这一过程中，熨斗在织物的某一个部位停留过热的时间仅为0.2~0.3s，织物尚未达到分解温度就可熨平。

③织物本身温度是低于常温的，加上熨烫时补充一部分水分，因此织物温度更低。熨斗经过织物后，织物开始升温，同时织物中的水分也由液态转化成气态，消耗了较多的热量，这就使熨斗的温度也随之略有下降。因此，熨斗在不断运动、不断消耗的同时，也需要不断补充热量，从而使其达到合适的温度，这就形成了最佳熨烫温度。

2. 湿度

毛织服装在整烫时，水蒸气能加速织物的传热能力，同时使纤维膨胀、伸展、变形，有利于织物的热变形，在加热的过程中同时给湿，使羊毛纤维中的二硫键断开后重新排列，有利于整烫定型。整烫时湿度应掌握恰当，给湿不足时，干热烘烤的高温会使毛织服装纤维变性发脆或烫黄、烫焦、变色等；但给湿过多时，容易使定型不良、平整度差、易变形，包装后易出现霉变现象。

3. 压力

毛织服装从编织、缝合缩绒到整烫前，均处于褶皱状态，整烫时，在一定温度、湿度以及定型样板的作用下，一般轻提起熨斗或以熨斗自重（约4kg）自然给毛织服装施加适当的压力，使羊毛纤维分子在湿热条件下重新排列、固定。而蒸汽熨斗的蒸汽喷射力也直接加压于衣身上，所以不需要再人为加压，否则易在衣物上形成反光面（即极光）。在烫台上对腈纶产品进行定型时，在中温条件下，一般只用手轻拍、揉平，对四平织物、畦编织物等较厚织物，不用定型样板，对其弯曲的衣身分割、袖底缝等部位，用一块木板稍为加压，使缝平直即可。

4. 时间

结合熨烫的温度、湿度、压力，熨烫过程还必须保证有充分的延续时间，因为热在织物中传导及织物变形需要在一定的时间内才能完成。

毛织服装经过加热、给湿、加压以后，衣面已经平整，冷却的目的是使织物降温，巩固和稳定定型效果。冷却越快越好，一般使用的冷却方式有自然冷却、冷压冷却以及抽风抽湿冷却等。抽风抽湿冷却往往能起到更好的定型作用。以上基本过程是紧密联系、相互影响、共同作用的，在生产中应综合考虑，才能使毛织服装获得理想的整烫效果。

三、整烫的方法及流程

毛织服装整烫工艺与机织服装及其他类型的服装整烫在工艺上有一定区别。毛织服装经过洗水后会缩水或皱成团，需要经过整熨工序定型及固定尺码。因此毛织服装熨烫需要使用蒸汽熨斗及特制的定型板辅助。熨衣流程如下。

1. 准备定型板

定型板包括衣身定型板及袖子定型板，如图5-10所示。尺寸与形状要严格根据尺码表及测试烫缩数据（主要是羊毛、羊仔毛、兔毛和棉等）设计制作（如本节中的定型板设计及制作）。

2. 烫袖子

把袖子套进袖子定型板中，袖窿定位点要对位。熨烫顺序为：先烫后面，再烫前面。用蒸汽熨烫至要求的长度，个别部位可根据定型板尺寸进行适当拉伸或烫缩，以符合尺寸要求。熨烫完成后再把定型板取出。

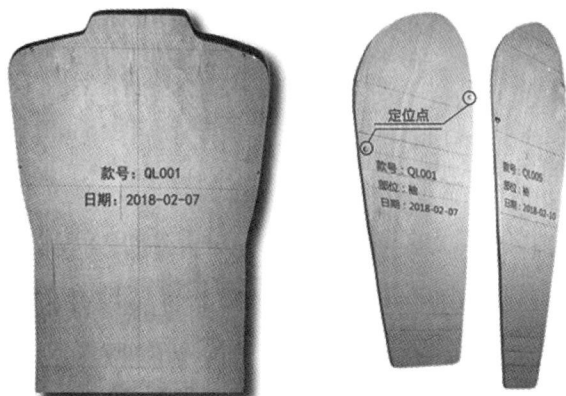

图5-10　衣身定型板及袖子定型板

3. 烫衣身

把衣身套进定型板，先烫衣身后片，再烫衣身前片，如图5-11所示。另外，根据款式确定熨烫前片左右的顺序（开襟式的毛织服装男款一般先右后左，女款一般先左后右）。熨烫时，领型、袖窿要顺滑，肩宽（膊阔）、衣长（身长）尺码要符合要求。

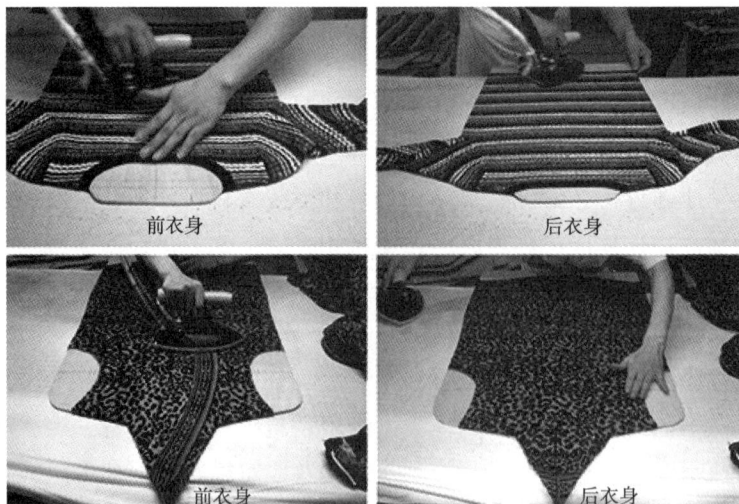

图5-11　烫衣身

4. 抽风定型

毛织服装熨烫后，要进行抽风处理使其加速冷却、定型并降低湿度。

四、整烫的要求

毛织服装及针织服装尽量使用蒸汽熨烫，不能压烫，将喷出足够蒸汽量的熨斗置于衣物上方2cm处移动（切忌将熨斗直接压在衣物上，否则会损害纤维结构，使衣物失去弹性或把表面绒毛压死导致反光或死痕）。如果条件允许，应配备烫台、烫袖台；衣物整烫的总体要求：外观平服，缝位顺直，垂角弧形圆顺，对称部位要求对称。

1. 侧缝

侧缝要清晰且平直。

2. 袖子

（1）袖面平服，线条顺直，袖窿圆顺。缝份最好是倒向袖子前方。

（2）左右袖要对称。针织服装尺寸比机织服装尺寸更难控制，容易出现两边不对称的现象，所以在踩下吸风机前要把衣服摆平直。

3. 衣身

两侧缝顺直，底边平服圆顺，衣面烫平即可。含有氨纶的衣物熨烫停留时间不能太长，否则织物会回缩，所以含橡筋的底边或裤腰头一般用蒸汽吹一下即可。

4. 领子及门襟

领子线条要圆顺对称。一般情况，横机罗纹领要盖住后领的缝线；领深尺寸要符合标准要求。

5. 整烫检验步骤

（1）衣型：平整、挺括、端正、对称、不起波浪、手感适中。

（2）尺寸：毛织服装充分冷却回缩后尺寸符合要求；折缝走后（其目的是让毛衫正面看不到缝位，更美观）要注意尺寸（一般为1/4英寸），要注意两边对称；肩缝走前的款式，要注意走前尺寸及左右对称。

（3）表面：无起镜（即极光）、起蛇（即起皱）、汽痕（即水痕）、扭骨、烫黄以及漏烫。间色款间条要平直，不能歪曲；坑条款要顺直，不起波浪。

五、定型板设计与制作

毛织服装在洗水后会缩成一团，失去原本的衣型，所以必须借助定型板进行熨烫。定型板制作流程：测试烫缩率→制图画样→切割打磨→定位标记→编号标识。

1. 测试烫缩率方法

烫缩率即纺织品熨烫后长度或宽度的差与熨烫前长度或宽度的百分比。针织类服装烫缩率相对较大。测试烫缩率时，随机取洗水后成品3～5件，在工作台平铺测量各部位尺寸并记录数据，然后进行自然平烫，在通风处进行自然晾干，不能在太阳下晒或烘干，否则会影响测试结果。常用记录表格见表5-10、表5-11。

烫缩率的计算公式：

$$纵向烫缩率=（烫前衣长-烫后衣长）/烫前衣长×100% \quad (5-2)$$

$$横向烫缩率=（烫前围度-烫后围度）/烫前围度×100% \quad (5-3)$$

表5-10　成衣整烫缩率测试记录（上装类）

测试日期	面料名称	成衣款号	整烫前尺寸							整烫后尺寸							签名
			胸围	底边	肩宽	衣长	袖长	袖口	领围	胸围	底边	肩宽	衣长	袖长	袖口	领围	

表5-11　成衣整烫缩率测试记录（下装类）

测试日期	面料名称	成衣款号	整烫前尺寸							整烫后尺寸							签名
			腰围	下坐围	膝围	脚口	前裆	后裆	内长	腰围	下坐围	膝围	脚口	前裆	后裆	内长	

2. 制图画样步骤

（1）计算定型板制板尺寸。以圆领长袖毛衫为例，根据生产工艺单（图5-12）的尺寸表及烫缩率，计算出各部位制板尺寸，见表5-12。

表5-12　定型板制板尺寸计算（160/84A）

部位	衣长	胸围	腰围	底边围	肩宽	肩斜	领宽	袖长	袖宽	袖口
规格	56	86	40	40	36	2.6	21	60	14.5	8
假设烫缩率	4.0%	2.0%	2.0%	2.0%	2.0%	2.0%	2.0%	4.0%	2.0%	2.0%
制板尺寸	58.2	87.7	40.8	40.8	36.7	2.7	21.4	62.4	14.8	8.2

胸围线与肩颈点距离取值公式：胸围/6+8=22.2cm，制板尺寸=22.2/56×（56×4.0%）+22.2≈23cm。

腰节取值38cm，腰节制板尺寸=38/56×（56×4.0%）+38≈39.5cm。

（2）制图画样。直接在板材上以衣长尺寸画中轴线，再按围度尺寸画出各部位围度线，用线条把围度方向的端点连接成衣片形状，如图5-13所示。最后将角位线图修圆顺，如图5-14所示。

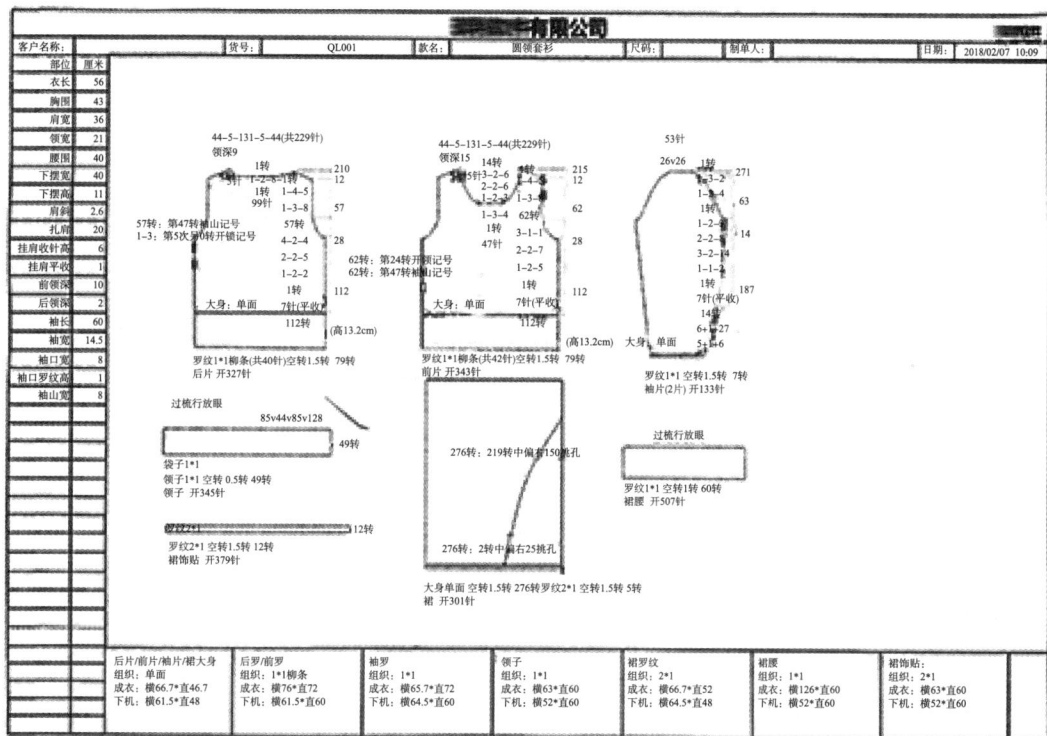

图5-12　毛织服装生产工艺单

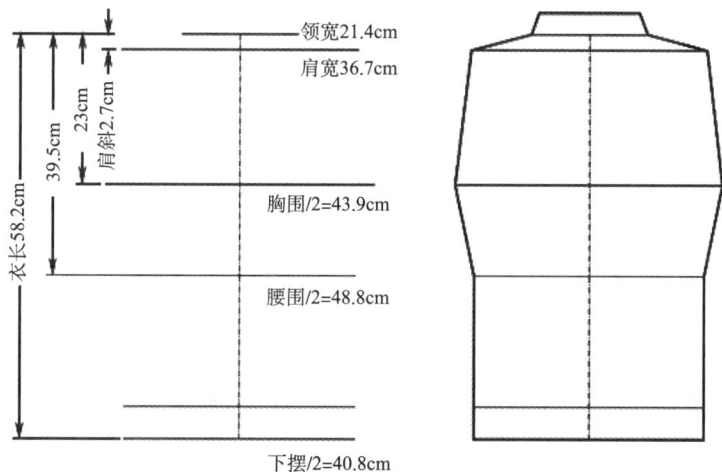

图5-13　制图画样

（3）切割打磨。利用曲线锯或线锯割工具，沿图样的外轮廓线切割，切割要圆顺，不能产生缺口及木刺。最后将角位及表面打磨光滑，以免木刺挂损衣物。

（4）定位标记。在定型板的关键位置（如肩点、袖窿底部）钉入按钉，注意要牢固，但不能穿透木板，如图5-15所示。

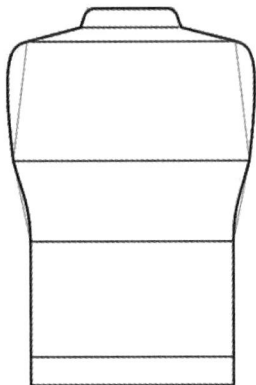

图5-14　将角位线图修圆顺　　　　　　　图5-15　定位标记

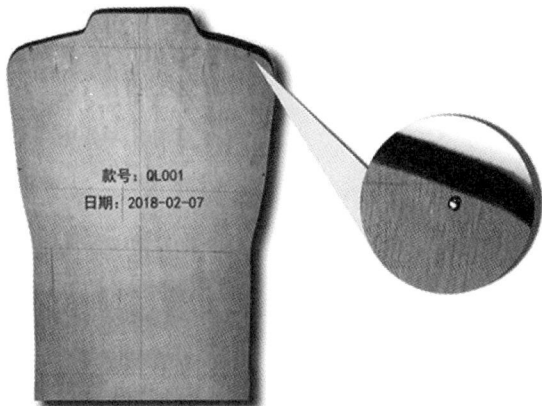

（5）编号标识。为了便于定型板的存放及查找，制作完成的定型板要清晰标上款号及制作日期。

以上为基础码定型板的设计及制作过程，在实际生产中，如果毛织服装成品有多个码数，要分码画样制作，以便分码熨烫。另外，定型板非关键尺寸部分的轮廓线还要根据服装的款式、领型及袖型等进行适当调整，让定型板便于熨烫工序的进行。

3. 板材类定型烫衣板存在的问题

（1）在烫衣过程中，工作人员不便于根据需要熨烫的毛织服装的大小尺寸来调节烫衣板的烫衣刻度。

（2）高温蒸汽遇到熨衣板的阻挡会反弹蒸汽后聚集在烫衣板上产生滞留水渍，水渍会使衣物变得潮湿而不能快速干燥。目前市场上开发出一些可调节尺寸而且有通风孔的定型模板，以便更好地进行熨烫定型工序。

产品质量检验与实践应用——

毛织服装产品质量检验

课程名称： 毛织服装产品质量检验

课题内容： 毛织服装产品质量标准

毛织服装行业用语及专业术语释义

课题时间： 8课时

教学目的： 通过本项学习，使学生了解毛织品检验的标准与要求，掌握成品检验的步骤，熟悉毛织服装行业用语及专业术语释义。

教学方式： 课堂讲授与企业实习相结合，注重实操。

教学要求： 1. 了解毛织服装半成品、成品检验的目的与要求。

2. 掌握成品检验的步骤、方法及验收标准。

3. 熟悉毛织服装成品疵点类别及名称。

4. 熟悉毛织服装行业用语及专业名称。

第六章 毛织服装产品质量检验

第一节 毛织服装产品质量标准

毛织服装产品质量检测及控制在毛织服装生产中极其重要。规范毛织服装半成品、成品的检验内容和标准，对保证产品质量、货期、出口报关方面起着关键作用。随着人们对毛织服装款式、色彩、装饰等要求的提高，加上新设备、新纺织原料、新工艺的出现，质量控制员（QC）必须熟悉生产中的工艺流程、质量标准，而且对生产中各工序的生产技术及各种设备操作技术要求均需了解。

一、毛织服装成品检验步骤

1. 检验步骤

领子→前肩→前片→门襟→扣子锁眼→前下摆→压线→前后袖窿→袖身→袖口→侧缝→洗水唛→主标号标→吊牌→后领窝→后片→后下摆，如图6-1所示。

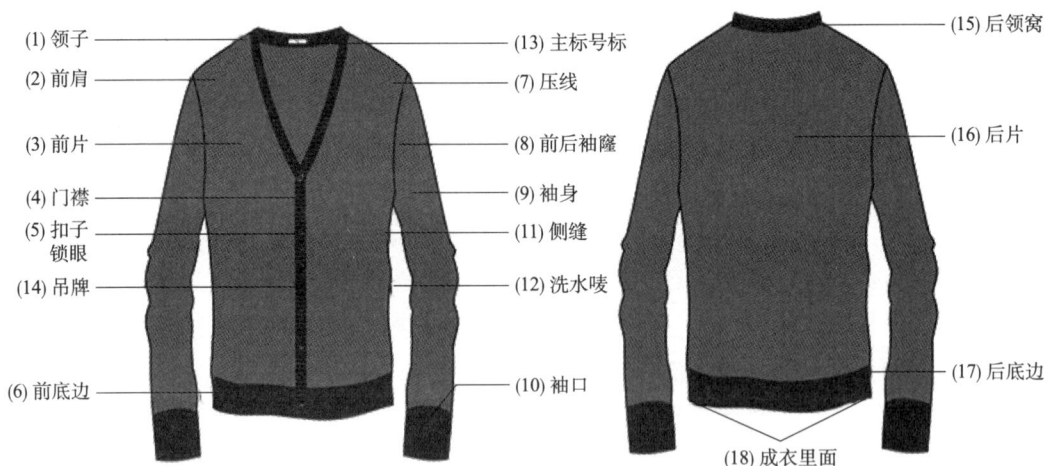

(1) 领子　　(13) 主标号标
(2) 前肩　　(7) 压线
(3) 前片　　(8) 前后袖窿
(4) 门襟　　(9) 袖身
(5) 扣子锁眼　　(11) 侧缝
(14) 吊牌　　(12) 洗水唛
(6) 前底边　　(10) 袖口
(15) 后领窝
(16) 后片
(17) 后底边
(18) 成衣里面

图6-1 毛织服装成品检验步骤

2. 毛织服装成品检验要求

从面到里、从前到后、从上到下、从左到右的顺序检验。

3. 常用检验工具

卷尺、立式检验台、案桌以及生产工艺单。

二、毛织服装成品外观质量验收标准

毛织服装成品外观质量验收标准如图6-2～图6-4所示。

（1）领子：领型圆顺，左右对称，宽窄一致，无漏针、破洞、漏缝现象。

（2）前肩：肩部平服，肩缝顺直，左右对称，无长短。

（3）前片：平整挺括，针路清晰均匀，布面光洁，绒面丰满均匀，整片无漏针脱散、断纱、破边、破洞、漏缝、线结、烫黄、焦化、草屑毛粒、毛片、毛针、花针、横纹、松紧行、粗细毛、走色、花色等现象；绣花、印花、植绒按第四章第三节要求执行。

（4）门襟：门襟顺直，宽窄一致，无漏针、破洞、漏缝现象。

（5）扣眼：锁眼位置准确，线迹美观，眼与扣相适宜。

（6）前底边：底边左右对称，宽窄一致，无漏针、破洞、漏缝现象。

（7）压线：各倍位缝制线路顺直、整齐、平服、牢固、松紧适宜，起止针处及袋口须回针缉牢。

（8）前后袖窿：上袖圆顺，左右对称，吃针要均匀，不可有漏眼、漏边、吃边现象，腋下加针加固。

图6-2　毛织服装各部位外观质量检验标准（正面）

（9）袖身：袖身平服，左右对称，针路清晰均匀，布面光洁，绒面丰满均匀，整片无漏针脱散、断纱、破边、破洞、漏缝、线结、烫黄、焦化、草屑、毛粒、毛片、毛针、花针、横纹、松紧行、粗细毛、走色、花色等现象；绣花、印花、植绒按第四章第二节要求执行。

（10）袖口：袖口平齐，左右对称，罗纹针迹清晰，无漏针、破洞、漏缝现象。

（11）侧缝：侧缝顺直，前后片条格相对，不可有漏眼、漏边、吃边现象。

（12）洗水唛：安放位置准确，缝合牢固；洗水唛的内容需清晰完整，且必须与号标及吊牌上的内容保持一致。

（13）主标号标：位置准确、整齐、牢固，绣花清晰完整，号码与吊牌、洗水唛相吻合。

（14）吊牌：吊牌的挂放位置和方法必须准确，吊牌上的内容必须与洗水唛上的内容吻合，吊牌的穿挂顺序必须符合标准要求。

（15）后领窝：后领需平服，罗纹针迹清晰，无漏针、破洞、漏缝现象。

（16）后片：平整挺括，针路清晰均匀，布面光洁，绒面丰满均匀，整片无漏针脱散、断纱、破边、破洞、漏缝、线结、烫黄、焦化、草屑毛粒、毛片、毛针、花针、横纹、松紧行、粗细毛、走色、花色等现象；绣花、印花、植绒按第四章第二节要求执行。

（17）后底边：底边平服，宽窄一致，罗纹针织无漏针、破洞、漏缝现象。

（18）成衣里面：毛衫里面线头处理牢固，留线头不得长于1cm；无浮线残留。

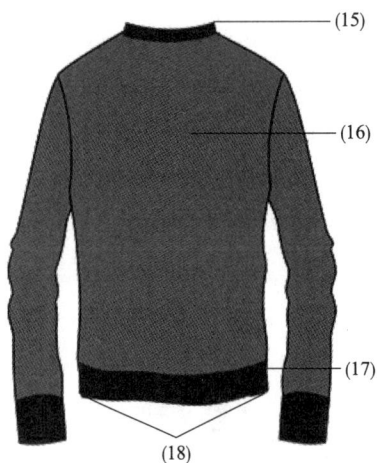

图6-3　毛织服装各部位外观质量检验标准（背面）

三、经纬向及对条对格检验标准

1. 经纬向检验标准（图6-4）

（1）领子：纱向平顺，左右领对称。

（2）前片拼接：前片纱向顺直，左右对称。

（3）袖子：袖子纱向与大身纱向一致，左右对称。

（4）底边：底边纱向顺直，与衣身纱向一致，左右对称。

（5）后领窝：纱向顺直，与后片纱向一致。

（6）后片：纱向顺直。

（7）后底边：纱向顺直，与后片纱向一致。

2. 对条对格检验标准（图6-5）

（1）袖山与前衣身、后衣身：胸围线以上的袖窿、格料与前身后身对齐、互差不大于0.5cm。

（2）左右前身：条格顺直，格料对横，互差不大于0.2cm。

（3）袖子：条料顺直，格料对横，以袖山为准，两袖对称互差不大于0.4cm。

（4）后衣身：条料对条，格料对格，互差不大于0.3cm。

（5）侧缝：由腋下下方10cm左右直纱处开始对条格，误差不大于0.3cm。

图6-4　经纬向检验标准

胸围线

图6-5　对条对格检验标准

四、织物外观疵点验收标准（表6-1）

表6-1　织物外观庇点验收标准

类别	疵点名称	合格品	备注
原料疵点	条干不匀	不低于标样	比照标样
	粗细节、紧捻纱	不低于标样	比照标样
	厚薄档	不低于标样	比照标样
	色花	不低于标样	比照标样
	色档	不低于标样	比照标样
	纱线接头	≤2个	正面不允许
	草屑、毛粒、毛片	不低于封样	比照封样
编织疵点	毛针	不低于标样	比照标样

续表

类别	疵点名称	合格品	备注
编织疵点	单毛	≤3个	
	花针、瘪针、三角针	次要部位允许	
	针圈不匀	不低于标样	比照封样
	里面露纱、混色不匀	不低于封样	比照封样
	花纹错乱	次要部位允许	
缝整疵点	漏针、脱散、破洞	不允许	
	拷缝及绣花不良	不明显	
	锁眼钉扣不良	不明显	
	修补痕	不明显	
	斑疵	不明显	
	色差	4级	对照GB 250
	染色不均匀	不明显	
	烫焦痕	不允许	

注　1. 表中所述标样均指一等品标样。
　　2. 次要部位指疵点所在部位对服装效果影响不大的部位。
　　3. 表中未列的外观疵点可参照类似的疵点评价等。

五、绣花、印花、植绒款式验收标准

（1）绣花应符合批板的质量要求；成品图案清晰、线色一致、位置准确，绣面达到完整、平服、干净，针法流畅；轮廓完整，花型周围无明显皱纹，不漏绣、不露墨印。

（2）颜色、图案、材质等质量要求按批板，件与件色差在4级以上，颜色明亮，图案清晰、手感柔和、外观无明显疵点，各项理化指标（耐摩擦、耐洗、甲醛、异味等）达到客户要求。植绒、胶印的更要注意色牢度。

六、熨烫验收标准

内外整烫平服，外观平挺，不烫黄，无镜光、线头。

七、缝制针距密度验收标准

表6-2仅作参考，具体以客户要求为准。

表6-2　缝制针距密度验收标准

项目	要求
平缝	缝合：3~4针/cm
	面线：4针/cm

续表

项目	要求
链缝	缝位：约0.5～0.7cm
	针距密度：按织片及缝盘机规格
锁边	缝位0.7cm
	针距密度10～12针/英寸

八、成品主要部位测量方法及规格允许误差（表6-3、图6-6）

表6-3　成品主要部位测量方法及规格允许误差　　单位：cm

序号	部位名称	测量方法	允许误差
1	衣长	后领中心点量至底边	±1.5
2	胸围	挂肩下1.5cm处横量或夹下量	±2
3	袖长	平肩式由袖山顶点量至袖口边，插肩式由后领中间量至袖口边	±1.3
4	肩宽	由左肩端点处至右肩端点水平量取	±1.2
5	对称性偏差	同一件产品的对称性差异，如左右袖长短	≤1.0

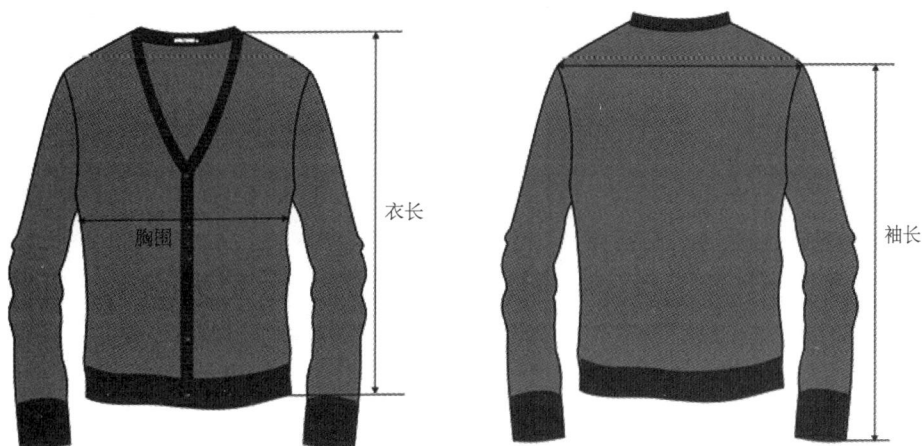

图6-6　毛织服装主要部位测量方法示意图

九、成品水洗后的尺寸变化率验收标准（表6-4）

表6-4　成品水洗后的尺寸变化率验收标准

项目		标准要求（合格品）
水洗尺寸变化率	横向	-5.5～3.0
	直向	-5.5～3.0
扭曲率		扭曲率≤4.0

十、不同组织及款式的针织毛织品检验的注意事项

（1）双鱼鳞（柳条）：织物容易漏针，前后膊针路要对齐。

（2）罗纹（坑条）：注意面底的字码是否一致，前后幅坑条要对齐。

（3）横条（谷波）：注意前后幅的谷波对齐，无漏针。

（4）纬平针织物（单边）：注意走字码（密度改变），毛头、针须、花针。

（5）铲针：注意错图案，断线，字码抽取，缝线绷紧，花位走位。

（6）嵌花（挂毛）：注意错图案，打结长度与单边的字码是否一致。

（7）开襟衫：注意钉组位置，左右花色对称，左右袖花对称。

（8）半开襟衫：注意筒底起皱，筒底间线。

（9）V领衫：注意V领嘴的挑撞，领底是否有孔，是否对准花位中间。

（10）织工：走单毛、走字码、漏针、毛头、断线、粗幼毛、飞毛等。

（11）缝制：漏眼、起耳仔、烂边、笠错横行、对位不准、领贴不均、上领扭纹缝份起蛇等。

（12）洗水：后是否散口，褪色、污渍，起毛球等。

（13）熨烫：起镜、反骨、起皱、熨错尺寸等。

（14）补衣：驳口不良，补错图案等。

（15）缝位：要定量抽查，根据织物弹性在缝位处拉伸，确认是否牢固并注意是否会断线等。

第二节 毛织服装行业用语及专业术语释义

一、毛织服装行业用语及专业名称对照

行业用语	专业名称
单面、单边	纬平针
四平、双边	满针罗纹
元筒空转	空气层
四平空转	罗纹空气层
引塔夏、挂毛	嵌花
扭绳、麻花、拧麻花、绞八结	绞花
鸟眼、芝麻底	芝麻点提花
圆筒拨花	空气层双面提花
三平拨花	横条提花
抽条、坑条、正反针、表里目、令士	正反组织

行业用语	专业名称
扳花	波纹
纱罗	挑花
滑针	架空编织
挂毛	单面无虚线
挑洞、挑吼	挑孔
令士、桂花目	正反针
挑耳仔、挑半目	分针
抽条、坑条	罗纹
柳条、双元宝	双鱼鳞
珠地、单元宝、玉米目	单鱼鳞
单面背后拉浮线提花、虚提	单面提花
后床全出针提花、三平提花	横条提花
空转提花、袋编提花	圆筒提花
引返	局部编织
盖面、双梭、吭毛、拉架	添纱
拷针、平收	套针
吊目、打花	集圈
前板、面针、表目	正针
后板、底针、里目	反针
1目、半专	1行
吓数	工艺
作程序、打样、画花	制板
字码、度目、拉力	密度
拉目	拉字码
牵拉梳	起底板
下栏	下摆
贴、贴边、门襟贴	附件
纱嘴、梭子头、导纱器	喂纱器
梭箱（纱嘴上面与轨道摩擦的那块塑料）	滑块

二、各种疵点中英名称对照

1. **颜色类**（colour）

脱色：fading

不对色：off tone

下栏不对色：shade off against trim

染色不平均：uneven dyeing

阴阳色：shading

漂痕：drift mark

2. **清洁、剪线**（cleanliness, trimming）

油渍：stains, oil

污点：stains, soils

修口：collecting thread

3. **布料及毛纱**（fabric and yarn）

孔、破洞：holes, broken holes

扭纹：bias

结：knots

起横：streaky

粗纱：slubs

颜色不均匀：uneven dye

布疵：flaw

单毛：single yarn；断毛：broken yarn

针迹：needle mark；漏针：missing needle

粗幼毛：uneven yarn

疵针：wrong stitch

4. **缝份及缝线**（seam and stitching）

黐针：run off stitching

扭骨、打折起皱：seam twisted, puckered

缝份爆开：insecured seam

错缝线色：wrong shade of linking yarn

跳线：skip, cut stitch

断线：broken stitchs

漏针：miss, drop stitch

线太松：excessive loose tension

线太紧：tight tension

散口：raw edges

起波浪纹：distorted

缝线欠佳：unslightly over-lapping stitches

缝份不对：misaligned at crotch or underarm

5. **前袋及袋盖**（front pocket and flaps）

错位置：wrong placement

袋型欠佳：poorly shape

高低袋：misaligned

袋口不稳：insecure opening

6. **袖及袖口**（sleeve and cuffs）

袖夹位起折：pleated at sleeve join

高低袖口：misaligned at bottom

7. **领**（collar）

谷领：fullness or puckers

领型欠佳：collar points not uniform

上领位置不平服：misaligned

8. **垫肩**（shoulder pads）

错位置：wrong placement

钉不稳：insecured attach

错码：wrong size

成型不良：poor shaped

9. **唛头类**（label）

唛头错误：incorrect

欠唛头：missing

位置错误：misplaced

10. **纽扣及扣眼类**（button and button holes）

欠纽、扣眼：omitted

位置不正确：misplaced

错线色：wrong color thread

欠纽、错位置：missing or misplaced

不稳：insecure

坏纽：defective button

错码：wrong size

11. **手感类**（handfeel）

太硬：too hard

不够软：not soft enough

太软：too soft

臭味：bad smell

黏手：too sticky

洗水过度：over wash

12. 车花、线、缝线类（embroidery，thread，linking yarn）

线不对色：stitch yarn colour off

位置错误：wrong placement

花型错误：wrong pattern

欠缺：omitted

三、毛织服装主要尺寸中英名称

胸围：bust，chest（below armhole，1 inch under armhole）

衣长：clothing length

肩宽：shoulder width

前领深：front neck drop（from imag line to seam，seam to seam）

领宽：neck opening（seam to seam，inside，edge to edge）

领高：depth of neck trim

后领深：back neck drop（from imag line to seam）

袖长：sleeve length

袖窿：armhole（straight，curve）

袖肥：sleeve width，bicep，muscle（5cm from armhole）

袖宽：width of sleeve（15cm from cuff）

袖口宽：width of trim at cuff

上胸宽：upper chest width（15cm down from high position of shoulder）

腰围：waist（from 38cm down from high position of shoulder）

上坐围：upper hip（from 48cm down from high position of shoulder）

下坐围：hip（from 56cm down from high position of shoulder）

衫脚阔：hem width（width of hem at bottom）

衫脚高：depth of hem

肩斜：shoulder drop

袋高：pocket high

袋阔：pocket width

袋盖高：pocket band high

侧衩：side slit

领尖：collar point

四、毛衫基本领型中英名称

圆领：crew neck，round neck

V领：V neck

船领：boat neck

方领：square neck

U领：U neck

关刀领：shawl collar

樽领：turtle neck

反领：turn collar

半胸反领：polo collar

企领、高圆领：mock neck

大翻领：cowl neck

汤匙领：scoop neck

旗袍领：chinese collar

翻领：spread collar

水手领：sailor collar

小飞侠领：peter-pan collar

国民领：notch collar

五、毛衫基本袖型中英名称

平袖：set in sleeve

马鞍肩：saddle shoulder

插肩袖：raglan sleeve

蝙蝠袖：dolman sleevc

直夹：straight armhole

半圆袖：semi-set in sleeve

六、毛织服装有关名词中英名称

套头装：pullover

开襟衫：cardigan

背心：slipover

半开襟：half cardigan

无扣开襟衫：channel cardigan

拉链开襟衫：zipper cardigan

无袖背心：vest sleeveless

长裙：dress

半截裙：skirt

围巾：scarf，scarves

帽子：cap，hood

套头衫：sweaters

罩衫：blouse

夹克衫：jacket

外套：coats

裤子：trousers，pants

短裤：shorts

手套：gloves

吊带背心：tank-top

长袖：long sleeve

短袖：short sleeve

袖山：cap sleeve

无袖：sleeveless

中长袖：3/4 sleeve

双面针织：double knit

挑孔：pointelle

杭角：fair isle diamond

布匹：roll

鸟眼：birds eye

条纹：stripes

手编：hand knit

行：horizontal

锁式线迹：cover，over stitch，lock stitch

渔夫针织：fisherman knit

菱形图案：argyle pattern

拼色：plating

单边反底做面：reverse jersey

集圈组织：tuck stitch，tucking

收明花：fully fashion

裁缝：cut and sewn

绕线：yarn winding

锁边：overedgeing

甩干：tumble drying

开扣眼：button-holeing

挂牌：hangtag

价格标签：price ticket

垫肩：shoulder pads

拷贝纸：tissue paper

胶袋：polybag-pp，pe

风琴袋：cubic polybag

内箱：inner box

纸箱：carton

单色单码：solid color solid size

杂色杂码：assorted colors/size

配料：accessories

柔软剂：softener

固色剂：color fixcone

去锈水：kinitic rust go

枪水：trichloroethane

起毛剂：super up

漂白剂：bleach

苏打粉：soda ash

草酸：oxalicacid

撕裂强度试验仪：bursting strength tester

撕破仪：elmendorf tearing tester

防水测试仪：rain tester，spray tester

耐汗渍色牢度测试仪：color fastness tester to perspiration

汗渍卑度测试器：perspiration tester

测湿仪：moisture strength tester

抗拉强度实验仪：tensile strength tester

检针机：neddle detector

参考文献

[1] 丁钟复. 毛织服装生产工艺 [M]. 北京: 中国纺织出版社, 2012.

[2] 李华, 张伍连. 毛织服装生产实际操作 [M]. 北京: 中国纺织出版社, 2010.

[3] 沈雷. 针织服装艺术设计 [M]. 北京: 中国纺织出版社, 2019.

附录　洗水符号

随着纺织工业和对外贸易的蓬勃发展及毛织服装设计款式新颖化，符合当代生活频繁变化的服装已大量涌现，特别是一些采用新颖化学纤维面料的服装，具有色泽鲜艳，耐洗耐穿，价格便宜等特点，更受人们的欢迎。但由于化学纤维种类繁多，而且性能各异，对洗涤和熨烫有特定要求，为此服装生产企业常常在服装的领下或侧缝处缝一块有洗涤、护理符号的标记（即洗水唛），以表示洗涤、熨烫条件及方法，避免因洗涤或熨烫方法不当而使服装受损，影响服装穿着寿命。

各类水洗符号及中英文名称

序号	符号	中文名称	英文名称
1		干洗	dry clean
2		不可干洗	do not dryclean
3		可用各种干洗剂干洗	compatible with any drycleaning agent
4		熨烫	iron
5		低温熨烫（100℃）	iron on low heat
6		中温熨烫（150℃）	iron on medium heat
7		高温熨烫（200℃）	iron on high heat
8		不可熨烫	do not iron
9		可漂白	bleach
10		不可漂白	do not bleach

续表

序号	符号	中文名称	英文名称
11		无温转笼干燥	tumble dry with no heat
12		低温转笼干燥	tumble dry with low heat
13		中温转笼干燥	tumble dry with medium heat
14		高温转笼干燥	tumble dry with high heat
15		不可转笼干燥	do not tumble dry
16		可机洗	wash
17		冷水机洗	wash with cold water
18		温水机洗	wash with warm water
19		热水机洗	wash with hot water
20		只能手洗	handwash only
21		不可洗涤	do not wash
22		平放晾干	dry flat
23		悬挂晾干：不可曝晒，悬挂于室温下的空气中晾干	hang dry
24		阴干：不可阳光照晒，悬挂于阴凉通风处晾干	dry in the shade